物探勘查与矿山建设

钱兆明　任豫涛　迟　勇　主编

辽宁科学技术出版社
·沈阳·

目录

第一章 金属矿地下开采的原则

第一节 金属矿地下开采的基本要求

一、金属矿基本概念

凡是地壳中的矿物自然聚合体，在现代技术经济水平条件下，能以工业规模从中提取国民经济所必需的金属或其他矿物产品，称作矿石。以矿石为主体的自然聚集体称作矿体。矿床是矿体的总称，一个矿床可由一个或多个矿体组成。矿体周围的岩石称作围岩，据其与矿体的相对位置的不同，有上盘围岩、下盘围岩与侧翼围岩之分。缓倾斜及水平矿体的上盘围岩也称为顶板，下盘围岩称为底板。矿体的围岩及矿体中的岩石（夹石）不含有用成分或含量过少，从经济角度出发无开采价值的称为废石。

矿石中有用成分的含量称为品位，常用百分数表示。黄金、金刚石、宝石等贵重矿石，分别用 1t（或 1m³）矿石中含多少克（或克拉）有用成分来表示，如某矿的金矿品位为 5g/t。矿床内的矿石品位分布很少是均匀的。对于各种不同种类的矿床，许多国家都有统一规定的边界品位。边界品位是划分矿石与废石（围岩或夹石）的有用组分最低含量标准。矿山计算矿石储量分为表内储量与表外储量。表内外储量划分的标准是按最低可采平均品位，又名最低工业品位，也称工业品位。按工业品位圈定的矿体称为工业矿体。显然，工业品位高于或等于边界品位。

矿石和废石、工业矿床与非工业矿床划分的概念是相对的。它是随着国家资源情况，国民经济对矿石的需求、经济地理条件、矿石开采及加工技术水平的提高以及生产成本升降和市场价格的变化等而变化。例如，我国锡矿石的边界品位高于一些国家规定的 5 倍以上；由于硫化铜矿石选矿技术提高等原因，铜矿石边界品位已由 0.6% 降到 0.3%；有的交通条件好的缺磷肥地区，所开采的磷矿石品位甚至低于边疆交通不便的富磷地区的废石品位。

矿石按其有用成分的价值可分为高价矿、中价矿及低价矿。低价矿，如我国的磷矿石，一般都不用成本较高的充填采矿法开采。我国的金矿及高品位的有色金属矿、贵重金属矿和稀有金属矿，则可用充填采矿法开采。开采高价矿及富矿时，更应尽量减少开采损失和贫化。对于某些矿物，主要是非金属矿物，决定其使用价值的不仅是有用成分的含量，还要考虑其某些特殊物理技术性能，如晶体结构完整性、晶面完整性、晶体纯度以及有害成分含量等，并以此定等划分品级，以适应不同的工业用途。矿石中某些有害成分以及开采时围岩中有害成分的混入，如果通过选矿不能除去，或者不经选矿而直接用原矿（如高炉富铁矿）加工时，都会降低矿石的使用价值。铁矿石含硫、磷超过一定标准时，将严重影响钢铁质量。磷矿石中的氧化镁超过标准时（包括围岩的混入），会影响磷矿石的使用价值，增加加工成本。

二、矿石的力学性质

矿石的硬度、坚固性、稳固性、结块性、氧化性、自燃性、含水性、碎胀性是矿石和围岩的主要物理力学特性，它们对矿床的开采方法有较大的影响。

(一) 硬度

硬度是抵抗工具侵入的性能。它取决于组成矿岩成分的颗粒硬度、形成、大小、晶体结构及胶结物的情况等。

(二) 坚固性

坚固性是指矿岩抵抗外力的性能。这里所指的外力是一种综合性的外力，它包括工具的冲击、机械破碎以及炸药爆炸等作用力。它与矿岩强度的概念有所不同。强度是指矿岩抵抗压缩、拉伸、弯曲和剪切等单向作用力的性能。坚固性的大小常用坚固性系数来表示。它反映矿岩的极限抗压强度、凿岩速度、炸药消耗量等值的综合值。目前，我国坚固性系数常用矿岩的极限抗压强度来表示。

（三）稳固性

矿岩的采掘空间允许暴露面积的大小和允许暴露时间长短的性能，称为矿岩的稳固性。稳固性与坚固性是两个不同的概念。稳固性与矿岩的成分、结构、构造、节理、风化程度、水文条件以及采掘空间的形状有关。坚固性好的矿岩在节理发育、构造破坏地带，其稳固性就差。

矿岩稳固性对选择采矿方法、采场地压管理方法以及井巷的维护，有非常大的影响。矿岩按稳固程度通常可分为以下五种。

（1）极不稳固的。掘进巷道或开辟采场时，顶板和两帮无支护情况下，不允许有任何暴露面积，一般要超前支护，否则就会冒落或片帮。这种矿岩很少（如流砂等）。

（2）不稳固的。只允许有很小的暴露面，并需及时坚固支护。

（3）中等稳固的。允许较大的暴露面积，并允许暴露相当长时间，再进行支护。

（4）稳固的。允许暴露面积很大，只有局部地方需要支护。

（5）极稳固的。允许非常大的暴露面积，无支护条件下长时间不会发生冒落。这种矿岩较前两种较为少见。

（四）结块性

矿石从矿体中采下后，在遇水或受压后重新结成整体的性能，称作结块性。一般含黏土或高岭土质的矿石，以及含硫较高的矿石容易发生结块，给放矿、装车及运输造成困难。

（五）氧化性和自燃性

硫化矿石在水和空气的作用下变为氧化矿石的性能，称作氧化性。矿石氧化时，放出热量，使井下温度升高，劳动条件恶化。矿石氧化后还会降低选矿回收率。有些硫化矿与空气接触发生氧化并产生热量，当其热量不能向周围介质散发时，局部热量就不断聚集，温度升高到着火点时，会引起矿石自燃。一般地，硫化矿石含硫在18%以上时，就有可能自燃，但并非所有含硫在18%以上的硫化矿石都会自燃，磁化矿石的自燃还取决于它的许多物理化学性质。

(六) 含水性

矿石吸收和保持水分的性能称为含水性。它对放矿、运输、箕斗提升及矿仓储存有很大影响。

(七) 碎胀性

矿岩从原矿体上被崩落破碎后，因碎块之间具有空隙，体积比原岩体积增大，这种性能称为碎胀性。破碎后的体积与原岩体积之比，称为碎胀系数（或松散系数）。碎胀系数的大小与破碎后的矿岩块度大小及矿石形状有关。坚硬的矿石碎胀系数为 1.2 ~ 1.6。

三、矿床的工业特征

由于成矿条件等原因，矿床地质条件一般比较复杂，往往给矿床开采带来不少困难，在开采过程中对这些情况应给予足够的重视。

(一) 赋存条件不确定

由于成矿的原因，矿体形态常有变化。一个矿体，甚至两个相邻矿体，其厚度和倾角在走向和倾斜方向都会有较大的变化。脉状矿体常有分支复合、尖灭等现象。沉积矿床常有无矿带和薄矿带出现。这些地质变化大多又无规律可循，使探矿工作和开采工作复杂化。除了加强地质工作，还要求采矿方法具有一定的灵活性，以适应地质条件的变化，并注意探采结合。

(二) 品位变化大

矿石的品位沿走向和倾斜方向上常有变化，有时变化幅度较大。例如铅锌矿床，可能在某些地区铅比较富集，另一些地区则锌比较富集。矿体中有时还出现夹石，这就要求在采矿过程中按不同条件（品位、品种、倾角、厚度）划分矿块，按不同矿石品种或品级进行分采，剔除夹石，并考虑配矿问题。

（三）地质构造复杂

在矿床中常有断层、褶皱、岩脉切入以及断层破碎带等地质构造，给采矿工作造成很大困难。例如，用长壁崩落法开采时，当出现断距大于矿体厚度的断层切断工作面，工作面就无法继续回采，必须另开切割上山，采场设备也要搬迁，这样既降低工效，又影响产量。有的矿山开采时，碰到大量地下水，有的是地下热水（温泉），使开采非常困难。

（四）矿石和围岩坚固

除少数国家对坚固性较小的铁矿和磷灰岩矿采用连续采矿机直接破碎矿石外，绝大多数非煤矿岩都具有坚固性大的特点，因此凿岩爆破工作繁重，难以实现采矿工作的机械化和连续开采。

（五）矿岩含水

矿岩的含水决定排水设备的能力，含水的矿岩在回采工作和溜矿工作中容易结块。地下暗河及地下溶洞水等地下水给开采带来极大的安全隐患。

四、开采的基本要求

采矿工业与其他工业生产不同。首先，它是在地下作业，作业环境和劳动条件较差，开采的矿床又复杂多变，作业地点也经常变动；其次，采矿工业是开采工业生产所必需的各种矿物原料，采矿工作是不需要原料的，但保护地下矿产资源和周围环境成了对采矿工业的特殊要求。在整个矿床开采过程中，要特别注意以下的要求。

（1）要确保开采工作的安全并具有良好的劳动条件。安全生产是社会主义企业生产的重要准则。社会主义企业应该保证工人有良好的劳动条件，保障工人的身体健康。采矿工人是在地下复杂和困难的环境下工作的，更应该具有可靠的安全条件和良好的劳动环境。这是评价矿床开采优劣的重要指标。

（2）符合环境保护法的要求，减少对环境的破坏。采矿工作往往会造成周围环境破坏。废石的堆放及废水的排放破坏土地、污染水源，废气的排放污染空气。扇风机和空压机的运转产生噪声。为了保护人类的生存环境，采矿设计应该采取有效的措施防治或减少环境污染。

（3）高效可持续地发展。提高劳动生产率，矿山生产工作复杂，工序繁多，劳动繁重，因此应尽量采用高效率的采矿方法和先进的工艺技术，不断提高机械化水平，提高劳动生产率，减少井下工人人数。

（4）减少矿石的损失贫化。矿床开采过程中矿石的损失和贫化是难免的，但应该尽量减少这种质和量的损失。矿石的损失和贫化不仅造成地下资源的损失，也增加矿石成本。

（5）降低矿石成本。矿石成本是矿床开采效果的反映，是评价矿山开采工作的一项重要的综合性指标。在采矿生产中减少材料和动力消耗，提高劳动生产率，提高出矿品位，加强生产管理，是降低矿石成本的主要途径。增大开采强度，合理地加大矿床的开采强度，可为国家提供更多的矿产原料，也有利于减少巷道维护费用，有利于安全生产。

第二节　金属矿地下开采单元的划分

一、矿区的划分

矿床的成因条件不同，其埋藏范围的大小也各有不同。相对来说，岩浆矿床的规模较小，走向长度常为数百米至一两千米，而沉积矿床埋藏规模较大，常为数千米至数十千米。缓倾斜及近水平的沉积矿床，其倾斜长度也常较大，有的可达一两千米。开采这类规模较大的矿床，就需要将矿床沿走向和倾斜方向划分成若干井田。

我国矿山企业的管理架构大多是矿业公司下设几个矿山，每个矿山下设一个或几个采区（或叫车间）。矿井（或叫坑口）是一个具有独立矿石提升运输系统，并进行独立生产经营的开采单位。习惯上，划归矿井（坑口）开采的这部分矿床叫井田（有时也叫矿段）。划归矿山开采的这部分矿床称为矿田。划归矿业公司开采的矿床称为矿区。如果矿山下面不再分设矿井（坑口），则矿田就等于井田，否则一个矿田可包括若干个井田。同样，一个矿区也可包括若干个矿田。矿床开采前，首先要确定其开采范围，即井田尺寸。井田尺寸一般都用走向长度和倾斜长度来表示（对于急倾斜矿体，常用垂直深度表示）。

金属矿床一般埋藏范围不大，常根据其自然生成条件划归一个井田来开采，一般井田走向长数百米至1000～1500m。一些沉积矿床，如磷矿、煤系硫铁矿、石膏矿等矿床，其埋藏范围往往较大，因此井田尺寸相对较大。例如，我国四川、贵州、湖北不少矿由于地质成因关系，地形都比较复杂，工业场地难以选择，井田走向长度为3000～4000m，甚至更大些。应当指出，过大的井田长度会给矿井运输和通风带来困难。

矿山大多是在丘陵地区和山区。井田开采深度常以地面侵蚀基准面为准，分地面以上（上山矿体）和地面以下两部分。有些矿山的上、下两部分矿体的埋藏高度（或斜长）都可达数百米。对于埋藏范围很大不可能用一个井田来开采的矿床，需要人为地划定其沿走向和倾斜方向的境界。这时，应考虑以下因素。

（1）矿床的自然条件。对于埋藏连续的矿体，在两井田之间应留20～80m的境界隔离矿柱，以保证两矿井开采时相互不受影响。为减少这些矿柱的损失，应尽可能考虑以矿体开采范围内的地形地物，如河流、湖泊、铁路、水库、大型建筑物以及大断层等为界，利用它们的保安矿柱兼作井田边界矿柱，或者可用无矿带、薄矿帮及贫矿作为井田境界矿柱。

具体划分井田境界时，沿走向一般都以某一地质勘探线为界，或以河流、铁路、公路、断层等为界。沿倾斜方向划定井田境界时，急倾斜及倾斜矿体常以某一标高为界，缓倾斜矿体常以矿体某一标高的顶底板等高线为界，多层倾角较小的矿体则各层之间以某一界线作垂直划分。

在确定矿体上部开采边界时，有时要考虑矿床氧化带的深度。某些金属矿（如铜、铅、锌等）氧化矿的选矿回收率较低，会影响初期投资效益。另外也要考虑到地方小矿山的开采及其影响，给它们划定开采范围。

（2）矿井的规模和经济效益。井田境界划定后，矿井的储量也就确定了，与之相应的经济合理的年产量和服务年限也就可以确定。年产量大的矿山经济效益好，但所需的大型设备多，基建投资大；反之，小型矿山具有投资小、出矿快的优点，但占地多、经济效益差。在划定井田尺寸时应充分考虑"国情"和"矿情"，即要考虑到国家可能提供的资金和设备，国民经济对该矿产的需要程度，以及资源利用的特点等，力求获得最好的经济效益。

在实际工作中，浅部矿体的勘探程度较高，常适宜于先建规模不大的矿井，在开采过程中，逐步对深部矿体进行勘探。开采深部矿体时，井田尺寸常划得较大些，矿井开采规模也要大些。

二、矿段的划分

井田沿倾斜尺寸往往较大。由于开采技术上的原因，缓倾斜、倾斜和急倾斜矿体还必须将其沿倾斜方向，按一定的高度，再划分成若干个条带形矿段来开采，这个条带形矿段称为阶段，在矿山也常称作中段。

每个阶段都应有独立的通风系统和运输系统。为此，每个阶段的下部应开掘阶段运输平巷，并在其上部边界开掘阶段回风平巷。一般随着上阶段回采工作的结束，上阶段的运输平巷就作为下阶段的回风平巷。这样，阶段的范围是：沿倾斜以上下两个相邻阶段的阶段运输平巷为界，沿走向则以井田边界为界。

上下两个相邻阶段运输平巷底板之间的垂直距离称为阶段高度。对于缓倾斜矿体，有时也以两相邻阶段运输平巷之间的斜长来表示，称为阶段斜长。在矿山，常以阶段运输平巷所处的标高来命名一个阶段。例如，阶段运输平巷标高为 +100m 的阶段称为 +100m 中段，或称为 +100m 水平。也有按中段开采顺序命名的，如一中段、二中段等。

加大阶段高度可以减少阶段数目，减少全矿的阶段运输平巷、井底车场及硐室的开掘费用，也可减少阶段间的矿柱损失，这是有利的一面。另一方面，阶段高度的增大带来了不少技术上的困难。

例如，开采缓倾斜矿体时，增加了采场内矿石及器材设备运搬的困难。空场法开采时增加了围岩的暴露面，增加了不安全因素；采场天井加长，增加了天井掘进工作的难度；特别是当矿体形态变化复杂时，给探矿工作、采准巷道布置及回采工作带来很大困难，从而会增加矿石的损失和贫化。此外，阶段高度的增加也增加了矿井的排水费用和提升费用。

因此，在确定阶段高度时，应当全面分析以下几个因素，必要时要作技术经济分析比较。

（1）矿床的开采技术条件。如矿体厚度、倾角，特别是其沿走向和倾斜的连续程度及变化情况，缓倾斜矿体底板起伏变化程度以及围岩的稳固程度等。

（2）因加大阶段高度带来的经济影响。如基建投资的减少和提升、排水费用的增加。

（3）矿山的技术水平及装备水平。如高天井的掘进设备和技术水平。

（4）各阶段的合理服务年限及新阶段延深接替的可能性。根据我国矿山实际情况，目前的阶段高度在开采倾斜及急倾斜矿体时常为 40～80m，开采缓倾斜矿体时，阶段高常为 15～85m，阶段斜长为 50～60m。国外矿山阶段高度一般为 80～120m，个别已达 200m。这是由于国外矿山的机械化水平较高，特别是广泛采用无轨设备开采，用斜坡道取代天井，不存在高天井开掘及设备器材运搬困难的问题。

我国个别矿山将阶段高度加大到 100～120m。为解决开采技术上的困难，将一个阶段划分成上下两个副阶（中）段。副阶段之间沿走向开掘副阶段运输平巷，并与副井及风井连通。由于副阶段水平不出矿，仅起通风、行人及器材运输的作用，巷道断面较小，也不需开掘井底车场系统。上副阶段的矿石通过下副阶段相应的矿块天井出矿。当用充填法开采时，采场从下副阶段一直采到上副阶段，不留副阶段间的矿柱。这种方法对于设有井下破碎站的矿山，并不增加提升费用。阶段高度的增加可加大矿井的开拓矿量，对于阶段之间的衔接，是有很大好处的。有些用箕斗提升的矿井，为减少开拓工程量，也采用开副中段的办法，副中段的矿石通过溜井进入箕斗矿仓。阶段沿走向很长，此时根据采矿方法的要求，将矿体沿走向每隔一段距离划分成一个块段，称为矿块。矿块是地下采矿最基本的回采单元，它也应具有独立的通风及矿石运搬系统。多数采矿方法在矿块内要开掘天井以贯通上下阶段，所以矿块之间沿走向常以天井为界。

当开采水平或近水平极厚的矿体，若矿体垂直厚度几乎与阶段高度相等时，则矿体厚度就是阶段高度，无须再划分阶段开采。

三、分区的划分

开采近水平矿体时，如果也按缓倾斜矿体那样划分为阶段开拓，由于阶段间的高差太小，如用竖井开拓时，井底车场不能布置；如用沿脉斜井开拓，则倾角 <8° 时，空车串车不能靠自重下放。因此，近水平矿体开拓时都

不划分阶段而采用盘区开拓。

盘区开拓的一种方案是在矿体倾斜方向的中部，沿走向方向开掘一条主要运输平巷。如果采用中央并列式通风，则还应平行开掘一条主要回风平巷，并与主井、风井相通。两条平巷将矿体划分为上山和下山两部分。再分别将这上山和下山两部分矿体沿走向每200～400m划分成一个盘区，各盘区的上下边界分别是井田的上下边界和主要运输平巷（或主要回风平巷）。

盘区沿走向的长度主要由采区运输平巷内的运输方式来确定。盘区沿倾斜往往较长，可达数百米，这时还要将盘区沿倾斜方向划分成若干条带，称为采区。采区是盘区开拓时的独立回采单元。为解决盘区内的通风及矿石、器材、设备的运搬，要在盘区的中央或一侧开掘一对盘区上（下）山，其中一条作运输及进风之用，矿石通过采区运输平巷进入盘区上（下）山，再通过盘区车场进入主要运输平巷；另一条作盘区回风之用，与主要回风平巷相连。如果矿体距地表较浅，可将风井开在上部边界，将主要回风平巷布置在矿体上部边界，构成边界式通风系统。

主要运输平巷开掘的位置对近水平矿体开采是个重要问题。如果矿体底板平整，起伏变化不大，则可在脉内沿矿体底板开掘；反之，则应在底板岩石中开掘，以利运输。为了解决倾角太小，盘区上（下）山中矿石运输的困难（非煤矿山由于矿石块度太大，很少使用皮带运输），特别在矿层群开拓时，常把主要运输平巷开掘在底板岩层中，并用盘区石门替代盘区上（下）山，各矿层间用采区溜井与盘区石门连通，矿石通过盘区石门运到井底车场。

盘区开拓在煤矿、石膏矿、煤系磁铁矿等近水平沉积矿床中常被采用。

第三节　金属矿地下开采的顺序

一、矿田内井田间的开采顺序

一个矿田可由若干个井田组成。在确定矿田内各井田的开发顺序时，应遵循"先近后远、先浅后深、先易后难、先富后贫、综合利用"的原则。

先近后远是指应该先开发那些外部运输条件好，距水源、电源较近的矿井，以减少初期投资，缩短基建时间。先浅后深是指应该优先开采那些埋藏较浅、勘探程度较高的矿井，而将埋藏较深、勘探不足的矿井留待后期开发，以期早日取得良好的经济效益。先易后难是指应该先开发那些地质条件变化不大，开采技术条件较好、采矿方法容易解决的矿井，以便早日形成生产能力。先富后贫是指应该优先开发那些品位较高的矿段，以便早日收回基建投资，取得较好的经济效益。在矿田开发时，就应该研究对矿床内的各种共生和伴生的有用矿物进行全面回收，综合利用，多种经营（例如一些磷矿搞磷肥及磷加工工业），这是我国目前矿山企业提高经济效益的重要措施。

二、井田内阶段间的开采顺序

开采急倾斜及倾斜矿体时，阶段间的开采顺序通常采用下行式，即阶段间由上向下、由浅部向深部依次开采的顺序，这样可以减少初期的开拓工程量和初期投资，缩短基建时间。另外，由浅部向深部开采，有利于逐步探清深部矿体的变化，逐步提高深部阶段矿体的勘探程度，符合矿床勘探的规律。

由下向上、由深部向浅部的开采顺序称上行式。这种开采顺序，特别对于矿体较厚的倾斜及急倾斜矿体，在下部已采阶段的空区上方回采，极不安全。一般只有用胶结体充填下部采空区或者留大量矿柱，或开采薄矿体时才有可能。例如，国家急需深部某个部位的优质矿石或品种时，在技术上采取措施后，可用上行式开采。开采急倾斜矿体采用上行式开采时，下部采空区可用来排放上部阶段的废石。

也有少数矿山，在同一个矿体范围内，在浅部用露天开采的同时，深部进行地下开采（一般都用充填法或空场采矿法采后充填采空区），称作露天和地下联合开采。这种联合开采大大地强化了矿床的开采，露天剥离的废石可用作充填，能确保开采工作的安全进行。适合于这种露天和地下联合开采顺序的矿床，应是储量很大、深部有富矿体或国家急需的矿种。这种开采顺序已引起重视。

一个矿井中，同时回采的阶段数最好是 2~3 个，最多也不应超过 5~6 个。增加同时回采的阶段数，可以增加采矿工作线的长度（崩落法例外），增大矿井产量，但可能造成管理分散，风流串联污染，占用的设备、管线、轨道增多、巷道维护的长度增大等一系列缺点。

三、阶段中矿块间的开采顺序

阶段中各矿块间的开采顺序可以是前进式、后退式和混合式。

（1）前进式开采顺序。从主井（主平硐）附近的矿块开始，向井田边界方向的矿块依次回采的开采顺序，称为前进式。这种开采顺序的优点是，当主井开掘到阶段水平，再掘进少量阶段运输平巷后，即可进行矿块的采准工作。这样，初期基建工程量少，投产早。缺点是当阶段运输平巷采用脉内布置时，整个阶段回采期间，阶段运输平巷处于采空区下部，当矿岩不稳固时，巷道维护条件差，维护费用高。此外，用脉内采准时，采掘相互干扰，影响生产。

（2）后退式开采顺序。从井田边界的矿块开始，向主井（主平硐）方向依次开采的顺序，称为后退式。这种开采顺序必须将阶段运输平巷一直开掘到井田边界后，方可准备矿块。其优点与前进式相反。这种开采顺序，特别对于地质变化复杂的矿体，为进一步探清阶段内的矿体变化，创造了有利条件，可避免因意外的地质变化给矿井生产带来的影响。

（3）混合式开采顺序。走向较长的井田，初期急于投产，先采用前进式开采，待阶段运输平巷开掘到井田边界后改用后退式开采，或者前进式和后退式同时进行，这种开采顺序称为混合式。它避免了单一使用前进式或后退式的缺点。

在生产实际中，当矿体地质条件变化大、走向长度不大时，采用后退式为宜。当矿体走向长度较大、矿体地质条件变化不大，而又要求早日投产时，采用前进式为宜。当阶段的运输巷道和回风巷道均在脉外较稳固的岩体中时，矿块之间开采顺序不受巷道维护条件的限制。在这种情况下，许多矿山多采用混合式开采顺序，增加阶段矿石产量。由于各矿块的地质条件有优有劣，矿体有厚有薄，矿石有富有贫，在生产实际中，为了产量和品位的平衡，矿块的开采顺序也不是绝对地依次前进或后退。当用崩落法回采时，为保持覆盖岩层的连续性，减少矿石的损失贫化和巷道的维护费，自然是应当尽可能地依次回采。

多数井田开拓时，主井设在井田的中央部位，将井田用阶段石门划分为两翼，每一翼都同时回采矿块，称为双翼回采。个别情况下，由于矿岩破碎巷道维护困难，或者有自燃发火的矿体，要求矿井加快开采速度等原因，在一个阶段内也可先采完一翼后，再采另一翼称为逐翼开采。逐翼开采是单翼开采的一种，它可能布置的矿块数减少，矿井生产都集中在一翼，使矿井的通风和运输负荷加重，但管理集中。有的矿井由于受地形限制等原因，井筒只能布置在井田的端部，这种开采方式称为侧翼式开采。侧翼式开采也是一种单翼开采，常用于矿体走向不长的井田。

四、相邻矿体间的开采顺序

脉状矿床和沉积矿床的矿体常可能成群（两个或两个以上）出现而且往往脉（层）间距不大。对于这类近距离矿脉（层）群，须按一定的顺序进行开采。

急倾斜矿体开采后，上下盘围岩都可能要发生垮落和移动，其移动的界线以移动角来表示，即上盘岩层移动角和下盘岩层移动角。当矿体倾角等于或小于下盘岩石移动角时，下盘岩层就不移动。应该指出，这种岩层移动对地表的影响一般应从矿体的最深部位算起，而对于相邻的矿脉（层）间开采的影响，则局限于一个阶段高度的范围内。

根据岩层移动规律，在开采近距离矿脉（层）群时，当矿体倾角小于或等于下盘岩层移动角时，采用先采上盘矿脉后采下盘矿脉的下行开采顺序，对下盘矿脉开采不会造成影响；反之，若采用先采下盘（层）矿的上行开采顺序时，就可能对上盘（层）矿脉造成破坏。当矿体倾角大于下盘岩层移动角时，在层间距较小的情况下，不论先采上盘（层）还是先采下盘（层）矿，都有可能影响另一层的开采。

但一般说来，仍以先采上盘（层）矿脉为宜。根据许多矿山的实测，在相同的岩层条件下，下盘岩层移动角要比上盘的岩层移动角大些，亦即下盘岩层移动的影响范围要比上盘小些。另外，如果能将上阶段冒落的围岩，通过及时处理空场，将它放到下阶段的空场或及时用废石充填部分采空区，都可以改变其影响范围。如果需要疏干上盘矿脉的含水层，或由于品位、品种调节的需要，要先采下盘矿脉时，应研究上行开采的可能性。

开采缓倾斜及近水平的多层矿时，一般都是采用下行式或同时开采的方式，但当两层矿间距较大时也有例外。用崩落顶板的方法开采水平及近水平矿体时，矿层顶板先形成冒落带，待顶板冒落后，松散的岩块填满冒落空区，上部岩层就不再冒落，但有一定的下沉量，使上覆岩层折断，形成裂隙带；其下沉量及裂隙数量越往上越减少，裂隙带再往上就形成了下沉带。这一带的岩层只有下沉，没有裂隙，仍保持岩层的整体性。

根据我国有关部门对一些矿山的观测结果，冒落带和裂隙带的高度与顶板岩层的坚固程度有关。我国某些矿山由于特殊原因，也有采用上行开采的。实践表明，用上行开采时，上层只要在下层开采后形成的裂隙带的上部或中部，虽然顶板略微破碎，矿层与顶板有空区现象，但仍能顺利地采出。不论采用上行开采或下行开采，都应贯彻"贫富兼采、厚薄兼采、大小兼采、难易兼采"的原则。

第四节　金属矿地下开采的步骤

矿床进行地下开采时，一般都按照矿床开采四步骤，即按照开拓、采准、切割、回采的步骤进行，才能保证矿井正常生产。

一、开拓

从地表开掘一系列到达矿体的巷道，形成矿井生产所必不可少的行人、通风、提升、运输、排水、供电、供风、供水等系统。将矿石、废石、污风、污水通过各巷道运（排）到地面，并将设备、材料、人员、动力及新鲜空气输送到井下，这一工作称为开拓。矿床开拓是矿山的地下基本建设工程。为进行矿床开拓而开掘的巷道称为开拓巷道，例如竖井、斜井、平硐、风井、主溜井、充堵井、石门、井底车场及硐室、阶段运输平巷等。这些开拓巷道都是为全矿或整个阶段开采服务的。

二、采准

采准是在已完成开拓工作的矿体中掘进巷道，将阶段划分为矿块（采区），并在矿块中形成回采所必需的行人、凿岩、通风、出矿等条件而掘进的巷道称为采准巷道。一般主要的采准巷道有阶段运输平巷，穿脉巷道，通风、行人、运料天井、电耙巷道，漏斗颈、斗穿、放矿溜井，凿岩巷道，凿岩天井，凿岩硐室等。

三、切割

切割工作是指在完成采准工作的矿块内，为大规模回采矿石开辟自由面和补偿空间。矿块回采前，必须先切割出自由面和补偿空间。凡是为形成自由面和补偿空间而开掘的巷道称为切割巷道，例如切割天井、切割上山、拉底巷道、斗颈等。

不同的采矿方法有不同的切割巷道。但切割工作的任务就是辟漏、拉底、形成切割槽。采准切割工作基本是掘进巷道，其掘进速度和掘进效率比回采工作低，掘进费用也高。因此，采准切割巷道工程量的大小就成为衡量采矿方法优劣的一个重要指标。为了进行对比，通常用采切比来表示，即从矿块内每采出 1000t（或 10000t）矿石所需掘进的采准切割巷道的长度。利用采切比，可以根据矿山的年产量估算矿山全年所需开掘的采准切割巷道总量。

四、回采

在矿块中做好采准切割工程后，进行大量采矿的工作，称为回采。回采工作开始前，根据采矿方法的不同，一般还要扩漏（将漏斗颈上部扩大成喇叭口）或开掘堑沟，有的要将拉底巷道扩大成拉底空间，有的要把切割天井或切割上山扩大成切割槽。这类将切割巷道扩大成自由空间的工作，称为切割采矿（简称切采）或称补充切割。切割采矿工作是在两个自由面的情况下以回采的方式（不是掘进巷道的方式）进行的，其效率比掘进切割巷道高得多，甚至接近采矿效率。这部分矿量常计入回采工作中。

回采工作一般包括落矿、采场运搬、地压管理三项主要作业。如果矿块划分为矿房和矿柱进行两步骤开采时，回采工作还应包括矿柱回采。同样，矿柱回采时所需开掘的巷道也应计入采准切割巷道中。

第五节　三级矿量

一、开拓矿量

开拓矿量分为地下矿山的开拓矿量和露天矿山的开拓矿量。凡按设计规定在某范围内的开拓巷道全部掘进完毕，并形成完整的提升、运输、通风、防排水、供风、供电、充填等系统的，则此范围内开拓巷道所控制的工业矿量称为地下矿山的开拓矿量。凡计划开采的区域内，矿体上面覆盖的岩土已剥离，露出矿体表面，并完成了通往开采台阶的运输堑沟或斜坡路等开拓工程，则此台阶以上的矿量，称为露开矿山的开拓矿量。

二、采准矿量

在已完成开拓工作的范围内，进一步完成开采矿块所用采矿方法规定的采准巷道掘进工程的，则该矿块的储量即为地下矿的采准矿量。采准矿量是开拓矿量的一部分。第三阶段中部的矿块和第三阶段以上的各矿块（包括正在回采的矿块）储量，均属采准矿量。

三、备采矿量

在已进行了采准工作的矿块内，进一步全部完成所用采矿方法规定的切割工程，形成自由面和补偿空间等工程的，则该矿块内的储量称为地下矿的备采矿量。备采矿量是采准矿量的一部分。第二阶段中已完成拉底工程等的矿块储量（包括正在回采的矿块），即为备采矿量。不同的矿山、不同的采矿方法，对实现采准矿量及备采矿量所规定完成的各种采准巷道、切割巷道及切采工程，并不相同，这也反映了矿山和地质条件的复杂性。

我国有关部门以矿山年产量为单位，对矿山三级矿量保有年限作了一般规定。允许各矿经批准对三级矿量的保有期限，根据矿床赋存条件、开拓方式、采矿方法、矿山装备水平、技术水平以及矿山年产量等情况，有一定的灵活性。矿石和围岩不稳固导致巷道维护困难的矿山，开采有自燃发火的矿体的矿山和一些小型矿山都可以适当降低要求。应该指出，过长的保有期限会造成矿山资金的积压。

第六节　金属矿地下开采的损失贫化

一、矿石的损失与贫化的概念

（1）矿石的损失。在开采过程中，由于各种原因使矿体中一部分矿石未采下来或已采下来而散失于井下未运出来，此现象叫作矿石损失。损失的工业矿石量与工业矿量之比称作损失率；采出的工业矿石量与工业矿量之比称作回收率，均用百分数表示。损失率和回收率的和为1。

（2）矿石的贫化。开采过程中，由于采下的矿石中混入了废石，或由于矿石中有用成分形成粉末而损失，致使采出的矿石品位低于工业矿石的品位，此现象称作矿石的贫化。采出矿石品位降低值与原工业矿石品位的比值称作贫化率，也用百分数来表示。

在矿床的开采过程中，由于技术原因，采出的矿石中不可能完全都是工业矿石，必有一部分废石混入采出矿石中来，增加了采出矿石量，此现象称作岩石混入或混入岩石。混入的岩石量与采出的矿石量之比称作废石混入率（混入废石率）。

二、减少矿石损失、贫化的意义

造成矿石损失的原因是多方面的，主要包括地质因素、开采技术水平及生产管理水平的三方面。产状复杂多变、受地质构造破坏多的矿床，开采损失会大些。采矿方法及回采工艺选用不当，可能造成较大的开采损失。覆岩下放矿时，组织管理不善，也会引起大量矿石损失。此外，为保护井筒和地表，要留下保安矿柱，也是造成矿石损失的原因之一。矿石大量损失，直接引起矿山工业储量的减少，使摊到每吨采出矿石的基建费用增加，导致矿石成本增加。

从矿石采出到提取出金属或有用成分，还要经过选矿和冶炼（加工）过程。在选冶过程中，同样还有损失。在矿床开采过程中，由于上下盘围岩及矿体中的夹石被崩入采下的矿石中，覆岩下放矿时围岩混入采下的矿石中，以及高品位富矿及粉矿的丢失等原因，造成采出矿石品位降低。影响采出矿石品位的因素包括贫化率和废石混入率，前者反映了矿石品位的降低程度，后者反映了废石的混入程度，两者具有不同的含义。

废石混入采下的矿石，增加井下的运输费和提升费，进入选厂，又增加选矿加工费。原矿品位的降低可能使选厂的金属（或有用成分）实收率降低，甚至使最终产品的品位降低。有些矿石，如高炉富铁矿、硫铁矿、磷矿等作为商品矿销售时，增加用户的外部运输费。如果围岩中含有害成分时，混入矿石后会降低使用价值。矿石的损失和贫化指标表示地下资源的利用状况，是评价矿床开采是否合理的两项重要指标。

三、降低矿石损失、贫化的措施

地下矿产资源是不能再生的，开采地下矿产时应尽可能地降低损失与贫化，更好地利用地下矿产资源，减少因矿石贫化损失而引起的经济损失。要降低矿石损失贫化，必须从地质、设计、管理等方面采取综合措施才能取得良好效果。

（1）加强地质勘探工作，弄清矿床赋存规律及开采技术条件，给设计及生产部门提供确切的矿产体状、形状、品位及其变化规律等资料。

（2）在基建和生产过程中加强生产探矿，认真对矿体进行二次圈定，使采准切割、落矿的设计建立在可靠的地质资料基础。

（3）选择合理的采矿方法、设计合理的矿块结构参数及回采工艺。这就要求对矿山的岩体力学方面加强研究和测定，使设计的矿块尺寸、矿柱尺寸和地压管理方法建立在科学的基础上。特别是在新矿山投产后，应尽快通过试验，找到最优的采矿方法及合理的结构参数、从采矿方法角度降低损失贫化的措施。

（4）合理选择矿体的开采顺序，及时回采矿柱、处理采空区。

（5）加强矿山的生产管理，建立有关的规章制度，成立专门管理机构。对矿石开采损失、贫化进行经常性的监测、管理和分析研究。包括覆岩下放矿的组织和管理、极薄矿脉开采时的采幅管理等。

（6）合理采用新技术、新工艺和新设备。

第二章　金属矿地下开采常用技术

第一节　空场法转崩落法平稳过渡开采技术

一、意义

我国国民经济的全面发展对矿产资源的需求日趋增长，但又面临矿产资源储量不足、品位低、开发利用率差、开采损失贫化率大、回收率低等严重问题。由于不规范开采而带来的复杂开采条件下矿柱回采、主矿体开采后残留矿体回采及采矿方法变更后导致的潜在安全问题，是充分开发矿产资源、节约矿产资源需要解决的关键问题。

空场法开采以后不仅留下大量的矿柱待回收，同时留下了大量的采空区待处理。通常空场法矿柱回收和空区处理的主要方法有充填法和崩落法。但充填法由于开采成本高、需要单独建设充填系统且回采工艺复杂等原因，这部分矿体回收和空区处理采用崩落法更为有效。当由空场法开采改用崩落法开采后，既可解决矿柱回收问题，也可同步解决空区处理问题，这不仅充分回收了矿体、节约了矿产资源，也解决了采空区存在的安全隐患。

二、特点

空场法采矿中矿柱是反映及决定采场稳定状态的重要结构单元，矿柱回采要充分了解不同状态下空区的稳定状况。崩落法采矿首先要有足够厚度的覆盖岩层，因此空场转崩落开采要充分了解两种不同采矿方法的回采工艺及回采特点。

对于空场法转崩落法开采的矿山，关联到地下采矿最关键的两个方面(回采工艺和地压管理)和两个指标(矿石贫化率和损失率)。就回采工艺而言，空场法的显著特点是将矿块划分成矿房和矿(间)柱，分两步骤回采。在同一个阶段内从下而上开采，而崩落法则是矿块不再划分矿房和矿(间)柱，而以整个矿块作为一个回采单元，按一定的回采顺序，在同一阶段内从上而下连续进行单步骤回采。就地压管理方式而言，空场法是采用矿柱和围岩体的稳固性来维护采空区，在回采过程中，采场主要依靠暂留的矿柱、永久矿柱或人工矿柱进行自然支撑。崩落法则是在崩落矿石的同时强制或自然崩落围岩充填空区，用以实现地压控制和地压管理。就矿石贫化、损失而言，空场法需要留设矿柱（包括顶柱、底柱和间柱），通常矿柱很难全部回收，矿石损失大，崩落法不留设矿柱，矿石回收率高。回采过程中仅崩落矿石，在空场下出矿，贫化率小；在覆岩下出矿，贫化率大。

三、平稳过渡开采关键技术

（一）需要解决的关键问题

综合分析空场法和崩落法在回采工艺和地压管理方面的区别及特点，对于空场法矿柱回收、空区处理、采矿方法变更（空场转崩落）同步进行，且保持产能不变的矿山而言，空场法转崩落法平稳过渡开采需要解决的关键问题是：

（1）矿柱回收和采矿工艺转变的衔接。
（2）空场法空区处理和崩落法覆盖岩层的形成。
（3）采矿方法变更期矿山产能的平稳衔接。
（4）空场转崩落矿石贫化率的控制（入选矿石品位的平稳）。

（二）总体思路

根据空场法转崩落法开采的特点，充分结合特定的开采技术条件，制订合理的回采步骤及有效的安全过渡措施。岩体作为一种地质结构体材料，具有非均质、非连续、非线性且复杂的加卸载条件和边界条件，加之采矿工程的动态特性，影响采空区稳定性的地质环境和工程因素极为复杂，使得采矿岩石力学问题通常很难准确求解。但矿柱回采及采矿方法变更期间，充分分析判断地压分布规律及可能的发展趋势是安全高效回采的关键。因此本研究基于矿区地质环境、开采技术条件、矿岩力学属性、采矿工程因素及矿山开采规划的要求，采用数值模拟、理论分析和工程类比的综合手段，制订科学高效的矿柱回采及空场转崩落平稳过渡技术、开采工艺和配套装备等相关策略。

(三) 空场转崩落平稳过渡开采关键技术

针对空场转崩落开采的特点及平稳过渡开采需要解决的关键问题, 提出了以下4项解决方法。

(1) 采用分区 – 分段的回采方式。同时进行矿柱回采、正常出矿、空场转崩落覆盖层形成, 确保矿柱回采期间的正常出矿, 保证矿山生产的平稳过渡, 实现空场法向崩落法的顺利过渡和转变。

(2) 采用分区 – 分次 – 分段 – 多步骤的爆破方式。以贯穿孔底的双导爆索组成的双网路技术和装填工艺, 实现超长水平深孔的炸药装填及有效爆破, 有效降低爆破震动对井下开采及矿区环境的不利影响。

(3) 采用超长水平深孔 (水平深孔平均长50m)、大凿岩爆破参数 (排距为3~4m, 孔底距为4.5~5.5m) 及凿岩硐室的交错布置, 进行空场顶板矿体及岩体的强制诱导崩落, 充分回收原空场法开采设计拟损失的顶柱矿体。这大量减少了新增辅助工程, 节省了回采工程费用, 同时有效形成了覆盖岩层。同时利用低贫化诱导崩顶技术将过渡期间崩落间柱的一部分和崩落顶柱的全部矿石暂留垫层使用, 以有效控制空场转崩落过程和崩落法回采期间的贫化率, 确保回采安全及采矿方法变更的平稳衔接过渡。

(4) 基于空场围岩体稳定性数值模拟分析的基本规律, 结合矿区工程地质特点, 充分利用顶板围岩体断层等结构弱面, 通过少量强制崩落 – 诱导自然冒落的方式形成覆盖岩层、有效处理空区。这既节省了工程费用, 降低了施工难度, 有效缩短矿柱回采周期, 又达到了顶板岩体自然冒落至预期高度来处理空区的目的。

第二节　移动充填技术

很多矿体开采时形成大量的残留空区, 由于国内矿石产量的60%以上均由中小型矿山企业所采出, 而中小型矿山企业开采技术水平低、装备简单，一般均采用空场采矿法进行因此造成了大量的地下采空区（群），严重危害所在地的地表安全。如河北省武安市采空区、马钢桃冲铁矿采空区、河北唐山地区采空区、昆钢大红山铁矿采空区等已经影响了矿山开采及地方安全，均被视为重大的安全隐患。由此可见，随着资源的逐步利用，我国将会有更多的采空区形成。其产生的地压灾害、岩层控制、采空区探测与处理、地表设施保护等均是有待解决的技术问题。尽管目前采空区治理存在几种治理方法，但最有效的方法是进行充填密实，完全消除空区的存在，达到完全保护地表的目的。而矿山建设一个固定充填站一般需要千万元的投资，有些矿山尤其是中小型矿山难以承受。移动式充填站的形成可以同时为多矿山服务，无论是矿山生产期间还是在空区整治时均可及时为矿山进行服务，既降低矿山投资，又降低了矿山开采成本。

一、具体方案

针对地下采空区，尤其是中小型矿山开采后形成的采空区对地表可能产生危害，一般需要进行充填治理。固定式充填站的建设周期长、固定投入大，因此，通过移动充填的方法治理矿山地下采空区被广泛使用。该方法采用移动式充填站进行空区充填治理，可以通过拆卸、移动、安装进行不同地点的使用。不但可以服务已经形成的不同地点的采空区（群）治理，而且可以对中小型矿山生产期间形成的单个空区进行及时的充填，避免采空区存在时间过长而造成的相关危害，同时减少小矿山建立固定式充填站的费用。由于空区治理的充填不同于充填采矿法所要求的速度、料体强度，近期也逐步出现了"简易充填站"，以满足小型矿山的空区治理要求。

为了实现上述任务，需要采取如下的技术解决方案：可移动式充填站的特征是采用移动式充填站对井下采空区进行充填治理。移动式充填站组件包括供水池、供水调节阀、出水控制阀、供料装置、搅拌池、浓度监测仪表、流量监测仪表、出料管路、支撑柱、可拆卸地脚、供水泵、供水管，现场组装而成，对井下采空区充填治理按以下步骤实施。

（1）将移动式充填站组件运至现场进行组装，搅拌池及供水池现场固定采用地脚螺钉固定。搅拌池的出料管路的出口位于井下采空区，上部连接供水管和供料管路，该移动充填站采用可拆卸式工艺组合方案以达到随时移动服务。

（2）为满足 30 ~ 50m³/h 能力要求，搅拌池的容积定为 14 ~ 50m³，应根据地下采空区的实际情况，在拆卸及运输能力满足的前提下，尽量增大搅拌池的容量。

（3）供料装置采用人工直接给料、皮带运输给料或铲装设备。

（4）搅拌池给水采用水泵抽水到供水池中，再经过供水调节阀对搅拌池进行给水。

（5）将充填用的材料及水在搅拌池内进行充分的搅拌后，其底流通过管道将材料充填到井下。该搅拌池在对井下进行充填的过程中也接受给料及给水的不断补充，以实现对井下采空区连续充填。

二、主要优点

地下空区治理的可移动式充填方法，使中小型矿山地下采空区治理时无须花费近千万元建立固定式的充填站进行充填，实现了一站多矿兼用，使矿山空区治理更加容易实现，消除矿山安全隐患。

第三节　崩落法转充填法开采

一、关键技术介绍

崩落法开采的最大特征是利用崩落顶板岩石作为覆盖层，形成覆盖层下出矿并作为地压管理的方法。崩落顶板形成覆盖层的结果是造成地表的塌陷，并且该塌陷区随着开采的进行在不断地变化与扩大，从而持续地影响到地表安全及对地表环境的破坏。如南京梅山铁矿的地表塌陷范围由开采初期几百平方米发展到目前已经形成大于 300000m² 的塌陷区。此外如马钢桃冲铁矿、昆钢大红山铁矿、武钢金山店铁矿和程潮铁矿、邯邢矿山局北洺河铁矿等，均已经形成了大面积的地表塌陷，危害了地表的生态环境，随着再开采的进行，其塌陷范围还将越来越大。由此可见，随着资源的逐步利用，我国将会有更多的矿山在崩落法开采的条件下产生大量的地表塌陷。崩落法转变为充填开采法是采矿方法的类型大改变，其开采过程的关键技术需要在方法转换中得到平稳解决，并形成与采矿方法转换相适应的过渡技术与方法，不但要求改变过程的安全及平稳，且改变后必须有效解决地表的进一步塌陷及地表环境的再危害。

针对采用崩落法开采的矿山，因崩落顶板岩石而造成地表的塌陷严重危害到矿山开采时地表的安全并对地表形成环境危害，目前很多矿山面临将崩落法改变为充填采矿法，通过采用充填采矿的工艺技术解决原来采用崩落法开采存在的问题，达到既解决了开采过程的地压问题，又避免了开采对地表的危害。其开采方法的过渡与转换需要保障过渡期间及之后的生产期间安全、有效，改变后的系统配套安全、合理完善。

为了实现上述任务，需要配套采用如下的关键技术。

（1）重新划分开采区域，调整开采顺序。由于开采方法的改变，根据其方法的特点及工艺需要，需将矿体开采范围重新进行规划，分区作业。如分为3个区域（崩落法已经开采区、充填开采区、两种方法过渡开采区）分别并按照一定的顺序进行开采。

（2）采用充填采矿法代替已经采用的崩落法进行接续开采。

①改变之前由上向下的开采顺序为由下向上开采。

②开采后的空区不再对崩落顶板岩石进行充填，而是以其他充填材料进行充填，保障顶板在开采过程及之后稳定不冒落。

③直到充填开采结束到达过渡区域位置时，在充填体的直接上部利用带底部结构的有底柱崩落法将两种方法的过渡段矿石进行回收，从而达到地表不再因为开采而形成塌陷。

（3）为了避免已经形成的塌陷区内的积水对井下开采的安全危害，要求在塌陷区的底部形成相配套的引水设施，将其内的积水（大气降水）导入井下总排水系统进行并被排出地表。崩落转充填采矿方法应按以下步骤实施。

①确定崩落法停采位置。为保证深部采矿生产的安全，该停止位置一般应在崩落法开采的本阶段运输水平以上2～3个分层高度处。

②开展充填采矿设计及充填系统建设，加快井下深部矿体开拓及充填采矿法的采准、切割。

③从矿体下部中段开始开采，并将开采顺序改为由下向上进行。

④在已经形成的塌陷区周围建设截洪沟，避免塌陷区外降雨等进入塌

陷区。

⑤设计并建设井下塌陷区积水导出并引入井下总排水系统的配套工程与设施，将塌陷区积水通过排水系统排出地表。

⑥在矿体的下部利用充填采矿法由下向上进行开采（边开采边充填）。

⑦当开采到距离原崩落法开采停止水平剩余2～3个分层高度时（在垂直方向上），充填法开采完成。

⑧崩落法和充填法开采之间的过渡区域矿体采用带底部结构的有底柱崩落法工艺进行开采，将原来所残留矿石及过渡区域矿体进行回收。

二、崩落法

（一）单层崩落采矿法

单层崩落采矿法是开采缓倾斜中厚以下顶板不稳固矿体的一种采矿方法。它的特点是矿体全厚作为一个分层（单层）回采，随工作面的推进，有计划地崩落顶板岩石，借以充填处理采空区和降低工作面地压。

根据工作面形状和尺寸等的不同，单层崩落采矿法可分为长壁式、短壁式、进路式、柱式与房柱式等方案。

1. 单层长壁式崩落采矿法

构成要素矿块斜长主要根据顶板稳固情况及运搬设备有效运搬距离而定，通常为30～60m，如用电耙运搬则不大于60m，顶板很不稳固时还可适当缩短。阶段沿走向每隔一定距离，用切割上山划分成矿块，其长度一般不大于200m；当矿山年产量大、断层多、矿体沿走向赋存条件变化大时，取小值。在阶段之间，矿块的上部有时留永久或临时矿柱，斜长为4～6m，当矿石的稳固性差、地压大时，取大值。

2. 采准切割

（1）阶段运输平巷。在矿体内或在下盘围岩中掘进，并有双巷与单巷两种形式。

在单层崩落法中，脉外采准比脉内采准布置有许多优点：可开采多层矿体，通风条件好，巷道维修费用低，运输条件好等。但较脉内采准的工程量大，但若按掘进体积数统计工作量，则相差不大。

（2）切割上山。用来拉开最初的工作面，一个矿块一个，一般布置于矿块的一侧（也可以布置于矿块中央）。上山宽度通常为 2~2.4m，高度等于矿层厚度，最小不少于 0.8~1m。

（3）小溜井与安全出口。从脉外运输平巷每隔 15~20m 向切割巷道掘进小溜井，与回采工作面连通，以备出矿。安全出口与小溜井间隔布置。

（4）切割拉底巷道与脉内回风巷道。随长壁工作面推进而掘进，但必须超前 1~2 个小溜井或安全出口的间距，以便通风和人行。

3. 回采工作

矿块回采工作的回采工艺循环主要由落矿、通风、运搬、支柱、架设密集切顶支柱、回柱放顶等工序组成。后三个工序可合称顶板管理。当前四项工序使工作面推进到一定距离后，进行一次回柱放顶。

由于回采工序多，若工作面推进距离小，一次落矿量少，各工序多次重复变换，会严重影响工作面劳动生产率和采矿强度的提高，并给劳动组织及安全生产带来困难。故只要顶板稳固程度允许，应加大每次工作面推进距离，以提高劳动生产率及采矿强度。

（1）落矿一般用浅孔爆破法。当矿体厚度为 1.2m 以下，炮孔呈三角形排列；当矿体厚度大于或等于 2m 时，炮孔呈之字形或梅花形排列。孔间距为 0.6~1m，边孔距顶底板 0.1~0.25m。沿走向一次推进距离为 0.8~2.5m。根据顶板稳固程度，可沿工作面全长一次落矿，但推进的距离应为实际采用支柱排距的整数倍。

（2）运搬多用 14~28kW 电耙，耙斗容积为 0.2~0.3m³。可分两段耙矿：工作面电耙将矿石耙至拉底巷道后，再由另一电耙耙到小溜井中。为提高效率，可用两个箱形耙斗串联耙矿。矿石较轻而软，可用饼板运输机辅以人工装矿来运搬。

（3）顶板管理：这是保证壁式崩落法进行正常生产极为重要的工艺。许多矿山的长壁式顶板压力显现规律基本符合悬臂梁地压假说。根据龙烟铁矿在倾角 30° 顶板不稳固的矿层中回采时，对顶板压力的试验和压力活动规律的观测，有如下认识：顶板压力沿长壁倾斜工作面上的分布，其最大值集中于距顶柱 2/3 的地段。直接顶板压力在悬顶距内，距工作面愈远压力愈大。工作面的压力随悬顶时间的延长而增加，所以回采时应采取措施，尽可能加快工作面的推进速度，特别是开采顶板不太稳固的矿层，加快工作面推进速度，对顶板管理、安全生产、劳动生产率与坑木回收率的提高，都是十分重要的。

　　随着长壁工作面的不断向前推进，顶板岩石的暴露面积越来越大，长壁工作面立柱所受的压力亦越来越大。为了减小工作面的压力，保证安全和回采工作的正常进行，也为了处理采空区，在长壁工作面推进一定距离后，将靠近崩落区的一部分支柱撤回，有计划地放落顶板岩石，这就是放顶。

　　每次放落顶板的宽度称为放顶距。放顶后，长壁工作面上保留能正常作业的最小宽度称为控顶距。悬顶距为放顶距与控顶距之和，悬顶距一般为6~8m。

(二) 分层崩落采矿法

　　若采用自下而上的分层方法开采矿岩极不稳固的急倾斜矿体，由于工作空间的上部矿岩极易冒落，会给回采作业安全带来严重威胁，因此当地表允许陷落时，可采用分层崩落法由上而下分层开采。分层崩落法有许多严重的缺点，主要是坑木消耗太大、产量低，所以它在有色金属矿山应用的比例大幅度下降，有被下向分层充填法替代的趋势。分层崩落法的特点是将矿块划分为2~3m高的水平分层，自上而下逐层回采。随着分层的下降，上部采空区围岩及覆岩随之崩落，并充填采空区。为保证分层回采工作安全，不受上部崩落岩石冲击，防止崩落岩石漏入工作空间矿岩相混，必须在工作分层上部造成人工假顶。人工假顶由隔板（或金属网）、废木料层、崩落岩石垫层三部分组成。

　　人工假顶形成后，即可在假顶的保护下回采分层。分层的回采可用进路式，或长壁工作面进行。长壁工作面的工作空间暴露面积大，木料隔板有断裂危险，所以应用很少。进路回采工艺包括落矿、运搬、工作面支护。一条进路采完后铺设回采下一分层的隔板，然后放顶。矿石运搬可采用两个电耙接力运搬，先将矿石耙到分层巷道，再由分层巷道耙入天井溜矿格中，小型矿山可用人工运搬。

　　分层崩落法与单层崩落法的不同点是：本法顶板为人工假顶，底板是矿石，分层回采，而单层崩落法顶板是岩石，底板也是岩石，矿层全厚一次采完。此外，本法每次放顶前需铺设隔板为开采下一分层创造条件。分层崩落法的突出缺点之一是木材消耗很大，且破木层腐烂发热，污染井下空气。

（三）有底柱分段崩落采矿法

1. 概述

有底柱分段崩落采矿法在我国矿山应用较广。有底柱分段崩落采矿法的特点如下。

（1）阶段内矿块不再分为矿房与矿柱，沿矿体走向按一定顺序，以一定的步骤连续回采。

（2）在高度上将矿块划分为若干个由 8～15m 至 25～40m 的分段，自上而下依次开采。

（3）落矿前一般需在崩落层的下部或侧面开掘补偿空间，进行自由空间爆破，或小补偿空间挤压爆破。

（4）在回采过程中，围岩自然地或强制地崩落填充采空区，放矿是在崩落的覆盖岩石下进行。

（5）各分段下部均留有底柱，并在其中开凿专门的底部结构承担受矿、贮矿、放矿、运搬及二次破碎等任务。

分段是个较大的开采单元，回采时需将它进一步划分为采场（一般一条电耙巷道负担的出矿范围称为一个采场）。采场的布置方式主要取决于矿体厚度、倾角。在急倾斜矿体中，矿体厚度小于 15m 时，采场沿走向布置；大于 15m 时，垂直走向布置在缓倾斜和倾斜的中厚矿体中，根据倾角大小，采场可沿倾向或沿走向布置成单一分段。

有底柱分段崩落法的方案很多，可以按爆破方向、爆破类型以及炮孔类型加以划分及命名，也有按放矿方式划分的。按爆破方向可以分为水平层落矿方案、垂直层落矿方案与联合方案。按爆破类型分为自由空间落矿方案和挤压爆破落矿方案。后者又可分为向相邻采场松散矿岩挤压落矿（简称侧向挤压落矿）及向切割槽（井）挤压落矿方案（小补偿空间挤压爆破）。按落矿炮孔又可分为深孔与中深孔等方案。有底柱分段崩落法按放矿方式可分为底部放矿与端部放矿。

2. 主要方案

（1）水平层深孔落矿有底柱分段崩落法：

①阶段高度50m，分为两个分段，分段高度为25m。分段底柱高5~6m，电耙巷道（采场）垂直走向布置，间距为10m。

②采准切割巷道布置：在阶段水平沿矿体上下盘分别开运输平巷，间隔60~80m。用穿脉巷道连通，构成环行运输系统。在各分段运输水平，沿矿体均开有上、下盘脉外分段联络巷道，其间每隔10m用电耙巷道连通。各电耙巷道的垂直溜井均直通上盘沿脉运输巷道。沿矿体走向每隔300m左右布置人行、材料、进风和回风天井，与各分段上、下盘联络道连通。

电耙道采用密集支护。为便于架设支柱，斗穿对称式布置，间距为5m，垂直走向连通斗颈形成拉底巷道。拉底巷道间留有临时矿柱。在两采场中央利用一个斗颈上掘凿岩天井（净断面为1.8m×1.8m）与上分段（阶段）巷道贯通。沿凿岩天井每隔6~7m开凿一个凿岩硐室（断面为3.6m×3.6m×3m），上下硐室交错布置。凿岩天井与硐室位置的选择应保证炮孔布置均匀，且位于矿岩较稳固处，并便于和上阶段贯通，以创造良好的通风条件。

③回采：凿岩采用YQ-100型钻机。在每个硐室内布置2~3排5°~20°的扇形深孔，最小抵抗线为3~3.5m，炮孔密集系数为1~1.2。炮孔直径为105~110mm，孔深一般不超过20m。在临时矿柱中打水平拉底深孔。当矿体厚度大于30m时，可开两个凿岩天井。两个采场及临时矿柱的拉底深孔同期分段爆破。耙运层以上的巷道作为爆破补偿空间，约为崩落矿石体积的15%~20%。由于耙运层上部所有巷道的空间小于自由空间爆破所需要的补偿空间，因此崩落矿石的松散系数也较小，与限制空间挤压爆破类似。出矿采用28kW或30kW电耙绞车。

（2）垂直层中深孔切割井落矿有底柱分段崩落法：①构成要素：阶段高50~60m，采场沿走向布置，其长度与耙运距离一致，为25~30m；分段高10~13m。在垂直走向剖面上每个分段开采矿体范围近于菱形。

②采准切割：阶段运输水平采用穿脉装车的环行运输系统，穿脉巷道间距为25~30m。在下盘脉外布置底部结构，一般采用单侧堑沟受矿电耙道，斗穿间距为5~5.5m，斗穿斗颈规格均为2.5m×2.5m，堑沟坡面角为60°。上两个分段用倾角60°以上的溜井及分支溜井与电耙道连通，下两个分段

采用独立垂直溜井放矿。在分段矿体中间部位设专门凿岩巷道并用切割井与堑沟拉底巷道连通。每 2～3 个矿块设置一个进风人行天井，用联络道与各分段电耙绞车硐室连通。每个矿块的高溜井均与上阶段脉外运输巷道贯通，并用联络道与各分段电耙道连通，兼作各个采场的回风井。采场沿走向每隔 10～12m 开凿切割井和切割横巷，以保证耙运层以上的补偿空间体积达 15%～20%。

3. 采准切割工程布置

有底柱分段崩落法的采准切割工程包括构成阶段运输系统、放矿与耙矿系统、采场通风系统、人行与材料运送系统以及拉底巷道、堑沟巷道、切割井巷、凿岩井巷与硐室等。

（1）阶段运输平巷的布置。为提高采场生产能力并适应多溜井的特点，阶段运输水平多采用环行运输系统，并可分为穿脉装车与沿脉装车两种形式。穿脉装车环形运输系统具有如下优点：

①采场溜井均布置在穿脉巷道内，运输受装载工作的影响小，故阶段运输能力较大。

②开采易自燃的矿石时，若发生火灾，火区易于封闭。穿脉装车环形运输系统的缺点是，由于一般要求采场溜井闸门布置在穿脉巷道的直线段装车，相应增加穿脉巷道长度，所以采准工程量较大；当电耙道垂直走向布置时，穿脉巷道间距因需与电耙道间距相适应（一般均不超过 30m）因而穿脉巷道的数量增加。下盘脉外运输巷道除供本阶段使用外，一般还兼作下阶段开采时的回风巷道，因此须布置在下阶段岩层移动范围之外。对于厚矿体，还应注意下盘受压引起的破坏范围。

（2）切割井（槽）的位置及数量取决于矿体形态与回采方案，可按以下原则确定：

①如果采用切割井（槽）落矿方案，切割井应布置于爆破区段的适中位置，使补偿空间分布均匀。同时应考虑尽量将其布置在矿体厚度较大或转折之处。若必须布置在矿体较薄的部位，则应切割顶部部分围岩，以保证有足够的爆破自由面。

②如果采用侧向挤压落矿方案，矿体厚度变化不大，则每个分段可以只在第一个采场布置切割井（槽）。若矿体厚度变化大，则应增加切割井（槽）

的数量，同时将其布置在矿体厚度较大之处。

（3）采场内凿岩井巷及硐室的数量与位置主要取决于回采方案、凿岩设备、采场尺寸、矿石稳固性、地质构造、爆破参数等因素。

①采用垂直层中深孔落矿方案时，通常是以拉底巷道作为凿岩巷道，其方向可平行或垂直于电耙道，这要由落矿指向而定。凿岩巷道的数量主要取决于采场尺寸及所使用的凿岩设备。

②采用垂直层深孔落矿方案时，通常是在拉底层布置断面为3.5m×3.5m的凿岩巷道，凿岩层面可平行或垂直于电耙道。目前，深孔落矿方案的炮孔深度一般为20～40m。

③采用水平层落矿方案时，需从拉底层向上掘进断面为2m×2m～2.5m×2.5m的天井，中深孔可在天井内开凿，而深孔则需在天井内按炮孔排列的需要隔一定距离布置的凿岩硐室内进行凿岩。凿岩井巷和硐室位置的选择应保证炮孔布置均匀，且位于矿岩较稳固处。此外，凿岩天井最好与上阶段（分段）贯通，以创造较好的通风条件。

4.底部结构的维护

我国目前在有底柱分段崩落法中广泛采用电耙道底部结构。与房式采矿法的电耙道相比，崩落法的电耙道所受地压较大，维护工作量也大。这是因为其矿岩坚固性较差，爆破量大，又多采用挤压爆破；上部崩落矿岩高度大，漏斗间距小，底柱也被切割得厉害；放矿条件差，松动爆破量大等所致。因此，正确选择支护形式，加强维护，是保证有底柱分段崩落法顺利应用的重要条件之一。

（1）从底部结构上部地压活动规律来看，地压活动可以分为以下三个阶段：

第一阶段是采场尚未进行切割落矿，此时电耙道上部是完整的矿体，虽然也有较大的地压，但由于整体矿石本身尚有一定的承载能力，可将地压转移到较大范围的岩体承受，故底部结构承受上部的压力是比较小的。

第二阶段是采场落矿之后，底部结构上部成为松散矿石。松散矿石转移压力能力甚微，所以底部结构承受的地压必然增大，较落矿前要大得多。松散矿石作用在底部结构上的压力是不均匀的，采场周围较小而中心最大，这是采场周边松散矿石受矿壁摩擦阻力和承压拱作用影响的结果。

第三阶段是采场开始放矿。放矿过程使底部结构承受压力的情况发生变化。由于放出体上部松动椭球体内矿岩发生二次松散，承压能力大幅度下降，甚至不再承受压力，因而在其顶端出现降压拱和免压拱，拱上部松散矿岩的压力大部分（或全部）传递到四周，这样就出现了以放矿口为中心的降压带。

（2）电耙巷道的支护。目前，我国常用的电耙巷道支护方法有木支护、混凝土支护、砂浆锚杆支护和喷射混凝土与锚杆联合支护。

木支护是电耙道的常用支护形式之一，一般用于局部维护。当矿岩比较破碎，二次破碎工作量小，电耙道的地压、变形均较大，而木材供应方便时，电耙道也有全部用木支架的。木支护具有一定的可缩性，结构简单，架设容易，维护简单，但木材消耗量大，承压能力小，抵抗二次爆破炸药破坏的性能差，易被运行的耙斗撞倒或破坏。

锚杆及喷射混凝土支护可使围岩与支架形成一个整体，提高矿岩自身的稳固性和支承能力，故而有良好的支护性能。根据经验，喷射混凝土的厚度以 150mm 为宜。在巷道顶板不很破碎的情况下，最好不加或少加钢筋。由于钢筋太粗，对喷射层不利，因此一旦喷射层被破坏，钢筋会加速其整体破坏速度，而且钢筋悬挂于巷道内造成不利的作业条件。在围岩较破碎时，喷锚支护加金属网，其效果比钢筋好。

锚杆对加强岩石强度和稳固性有非常好的效果，其长度以 1.5m 左右、间距（除斗穿口外）以 0.8～1m 为宜。

喷射混凝土支护电耙道的支护效果好，施工方便，机械化程度高，材料消耗少，劳动效率高，经济效果好，目前已在大范围取代木支护。浇灌混凝土支护电耙道的突出特点是具有刚性与整体性。由于整体性强，能适应斗穿交错排列的要求，巷道表面局部凹凸不平处可以浇灌时弥补，支护的表面平整利于电耙运行，又不易被破坏。在中稳以下的矿岩中，如果大爆破冲击力小（采场用垂直层爆破），使用这种形式支护较好。它的缺点是：因没有可缩性，故对大爆破冲击的适应性较差；当压力超过强度极限时，支护便发生断裂；若在混凝土中加钢筋，则在底柱回采时容易出现钢筋互相牵连的现象，不利于覆岩下放矿。整体式混凝土支护的维修工作较为困难。

5. 放矿管理

放矿管理主要包括选择放矿方案、确定放矿制度及编制放矿图表三项内容。

（1）放矿方案。覆盖岩石下放矿的核心问题是在放矿过程中使矿石与废石接触面尽可能保持一定的形状均匀下降。在崩落采场放矿中，按接触面在放矿过程中下降的状态，可以分为以下两种放矿方案。

①水平放矿。即随着矿石的放出，矿石与覆盖岩石接触面基本保持成平面下降。

②倾斜放矿。即随着矿石的放出，矿石与覆盖岩石接触面和水平面保持一定角度的倾斜面下降。

合理的放矿方案应满足损失贫化少、强度大与地压小等要求。选择时应根据矿体的倾角、厚度以及崩落矿岩的块度和相邻采场的情况等因素综合考虑。生产中要求尽量减少矿石与废石的接触面数，尽量降低侧边接触面的废石混入率。

水平放矿的相邻采场落矿和倾斜放矿的倾斜面角度，对于矿石与废石接触面的大小角有很大影响。水平放矿对相邻采场的落差一般应控制在10~20m。

从地压管理角度考虑，水平接触面放矿时底柱受压大，倾斜接触面放矿时可以降低地压。然而倾斜接触面放矿不易管理，特别是接触面的倾角难以保持不变，会增加损失与贫化，而水平接触面则易于控制。因此，我国金属矿山在开采厚大矿体时，均采用水平接触面放矿方案。开采倾斜或缓倾斜中厚矿体以及急倾斜中厚矿体时，则采用倾斜接触面放矿。

（2）放矿制度是实现放矿方案的手段。按照放矿的基本规律及不同放矿方案的要求，放矿制度可以分为以下几种。

①等量均匀顺序放矿制度。即在放矿过程中用相等的一次放出量，多次顺序地从每个漏斗中逐渐把矿石放出来。这种放矿制度最优适用条件是松散矿岩只有一个上部水平或倾斜接触面周围是较稳固的垂直壁。在这种条件下较容易保证矿石与废石接触面水平下降到"极限高度"，甚至再低一些。

②不等量均匀顺序放矿制度。其目的也是要保持矿石与废石接触面水平和倾斜下降。因为采场有倾斜的上下盘，当把巷垂直走向布置时，若用等量均匀顺序放矿制度，只能在沿走向方向保持松散矿岩的接触面以水平或倾斜面下降；在垂直走向方向，因为靠近上下盘处矿石下降速度不一，则不能

使矿岩接触面保持水平或倾斜下降。因此，要求距下盘近的放矿口一次放出量要大，靠上盘的放矿口放出量要小，据此保持一定的比例，从下盘到上盘顺序放矿。相邻排间的漏斗放矿也是按照同样原则进行。总之，当各漏斗担负矿量不相同时，均宜采用这种放矿制度。

③依次放矿制度，即按一定顺序，将每个漏斗所担负的矿量一次放完。这种放矿制度不论对于垂直边壁采场还是具有倾斜上下盘的采场，都是不合理的，其缺点是不能用相邻漏斗的相互作用，故损失贫化大。但对于分段高度小于极限高度的分段崩落法，由于各个放矿口基本上都可以单独自由出矿，采用依次放矿还是可以的。

（3）放矿图表是执行放矿制度的措施，根据它可以计划并及时掌握矿石与废石接触面在放矿过程中的形状及其在空间的位置，借以分析各个漏斗出现贫化的原因，指导放矿工作正常进行。

放矿图表是以电耙道为单位来制定的。根据采场实测资料，可按照平行六面体算出各个漏斗所担负的放矿量及相应的放矿高度，编制放矿指示图表。在图表中还要根据放矿计算，列出各个漏斗的纯矿石回收量。此后，在放矿过程中，按照放矿原始记录与报表材料，将各个漏斗放出的矿石量用不同颜色的线条标注在指示图表上。在执行中，比计划下降慢的漏斗应先放或多放矿，下降快的则暂时停放或少放。对于过早出现贫化和矿石回收量不足的放矿口，要予以分析，找出原因。根据放矿理论，降低放矿过程中矿石损失贫化的根本途径是提高纯矿石回收率，所以在制定放矿图表时，从开始放矿到接触面达到极限高度以前，均匀顺序放矿是一个非常重要的问题。

（四）有底柱阶段崩落采矿法

阶段崩落采矿法又称为矿块崩落采矿法，是地下采矿法中生产能力大、效率高、开采费用很低的一种采矿方法。有底柱的阶段崩落与有底柱分段崩落采矿法的特点大致相同，主要不同之点在于阶段或矿块在高度方向不再划分为分段进行落矿、出矿，而是沿阶段全高崩落，并且只在阶段下部设底部结构出矿。根据落矿方法的不同，阶段崩落采矿法又分为阶段自然崩落采矿法和阶段强制崩落采矿法。

1.阶段自然崩落采矿法

（1）一般将阶段划分为矿块，在矿块底部进行大面积的拉底。由于矿块岩体的不完整性（必然有节理、裂隙、弱面或软弱矿物夹层等）和拉底空间上部矿石处于应力降低区，使得岩块间夹制力减弱或产生拉应力，从而矿石在自重和地压作用下发生自然崩落，实现落矿工艺。崩落过程的持续和控制主要靠拉底、放矿和削弱破坏自然崩落过程中形成的自然平衡拱的拱脚带。为了削弱和破坏拱脚带，可在矿块四周或两侧掘进割帮巷道、切割槽或打深孔进行爆破。割帮巷道还有控制崩落边界的作用。

（2）适用条件：

①拉底后矿石能够自然崩落成适当的块度，或过大的块度在放矿过程中能压碎。矿块矿石的自然可崩落性是选用这一方法的关键条件。矿块矿石的自然崩落性主要取决于矿体的物理力学性质和原岩应力，特别是其节理、裂隙、弱面、松软矿物、细脉夹层的分布和发育程度等。但是目前还不能用公式准确地表达原岩应力场、矿体物理力学性质与其自然崩落性之间的相关关系。实际生产中主要通过工业实验来确定这种关系。

可以用岩体物理力学性质参数评分来概括矿块矿石的自然崩落性和进行岩体评分分级。为了获得岩体分级参数需进行大量调查研究和试验，并用数理统计方法进行数据处理和现场验证。近年来，根据人工地震波在岩体中传播时的振幅衰减变化情况来判定矿石的可崩性质，已取得较大的发展。

矿体厚度很大，不小于 30m，倾角最好接近 90°。水平和缓倾斜的矿体，其厚度也不应该小于 25~30m。矿体厚度小不仅会加大损失贫化和采切费用，且会导致自然崩落过程缓慢。

②矿体边界较规整，矿石品位低，无须分采分运。

③矿石崩落后，其上部覆岩也能自然崩落，且最好能崩落成比矿石块度大的大块，混入的废石最好也是矿化的。

④矿石不含自燃的矿物成分，无结块和氧化性。

（3）采切工程由阶段运输、底部结构、拉底与割帮巷道工程组成。阶段运输水平一般采用脉外环行运输系统。底部结构一般采用电耙道底部结构和格筛巷道底部结构，近年来也开始采用小规格无轨自行设备底部结构。在自然崩落采矿法中，一般底部结构所承受的地压很大，它的维护是比较重要的问题。电耙巷道一般采用厚度为 30～45cm 高标号混凝土浇灌，底板用钢轨加固。为了维护回风巷道，地压过大时，可使回风巷道低于耙矿水平4～5m，并用风眼（小井）与电耙道连通。拉底巷道通常是掘进一系列相互垂直的斗颈联络道，斗颈联络道之间留有临时矿柱支撑拉底空间。为了减少割帮巷道工程，可在矿块四周掘进天井，在天井中开凿岩硐室用深孔爆破进行割帮。因为设有凿岩天井，所以在必要时还可将采矿方法改变为阶段强制崩落法。凿岩天井也可以兼作检查天井。

（4）回采工作分为三个阶段：矿块拉底、局部放矿控制矿块自然崩落、围岩覆盖下大量放矿。矿块拉底即爆破拉底巷道间的临时矿柱，可采用中深孔爆破。拉底可由矿块一侧开始向另一侧推进，也可由矿块中央开始向两侧推进。拉底空间逐渐扩大后，已形成的拉底空间附近的拉底巷道和炮孔，甚至其下部的电耙道，均会受到压力支撑带的大地压。因此拉底速度不能过慢，应超过地压破坏拉底巷道和临时矿柱中炮孔的速度，否则会导致拉底不充分，给以后的矿块自然崩落造成严重困难。

拉底过程中要放出部分崩落矿石。矿块下部全部拉开后，矿块开始由下而上全面自然崩落。如果割帮工程布置适宜，拱脚带适时破坏，自然崩落会正常向上逐渐发展。当自然崩落的矿石填满已崩落空间，会阻碍上部矿石继续自然崩落。为了不妨碍自然崩落，需要不断放出崩落矿石（大约占崩落总量的50%）。放矿速度的确定是影响这种采矿方法技术经济指标的重要因素。放矿速度过小，不仅产量小，而且给拉底结构的维护带来很大困难，造成支护费用大幅度升高；局部放矿速度过快，强度过大，会造成自由空间高度过大，有可能造成空间上部的矿石整体冒落，出现危害严重的空气冲击波，或造成矿块侧面已崩落的废石流入自由空间，隔断上部矿石，造成很大的矿石损失或贫化。局部放矿过程中最好始终使崩落矿石与工作面之间保持2～3m高的空间。各矿山矿岩条件不同，其放矿速度也不同，一般放矿速度应控制在每天15～120cm。

通过局部放矿进行控制，使矿块自然崩落由下向上一直发展到通风平巷水平，接触到上部崩落岩石，而后转入大量放矿。无论是局部放矿还是覆岩下大量放矿，都需要加强放矿管理，加强计量工作，严格按各漏斗的放矿计划进行放矿。当矿块四周皆为矿体时，矿块损失贫化最低；当矿块与已采空区崩落废石有几个接触面时，矿石损失贫化最大。有时阶段不分为矿块进行回采，而分为盘区。盘区宽 20～60m，长 150～300m。盘区可沿走向布置，也可垂直走向布置。盘区开采多用于矿石非常不稳固和实行连续开采的矿体。

2. 阶段强制崩落采矿法

阶段强制崩落采矿法与阶段自然崩落采矿法的不同点在于其矿石是用深孔或中深孔（极少用药室）进行矿块全高（含上阶段的底柱）一次崩落，所以必须有足够的补偿空间才能保证落矿质量。近年来，国内外成功地采用了无补偿空间的挤压爆破落矿阶段强制崩落采矿法，这是这种采矿方法的重要发展。阶段强制崩落采矿法多用于开采矿石中稳及中稳以上的极厚矿体，对围岩稳固性的要求可不限。矿体倾角是急倾斜，也可以是缓倾斜。当矿体倾角为 20°~60° 时，因覆岩下放矿条件的限制靠近下盘的矿体应布置底盘漏斗出矿。

根据补偿空间的位置和情况不同，阶段强制崩落采矿法可分为下列方案：向下部补偿空间落矿的阶段强制崩落采矿法（补偿空间在矿块下部，高可达 8～15m）、向侧面垂直补偿空间落矿的阶段强制崩落采矿法（补偿空间在矿块的一侧，一般高 35～40m，宽可达 10～12m）、无补偿空间（挤压爆破）阶段强制崩落采矿法。

（1）向下部补偿空间落矿阶段强制崩落采矿法。向下部补偿空间落矿方案：

①特点与矿块规格：这一方案与水平深孔落矿的有底柱分段崩落法很相近，但崩落矿体的高度大。矿块宽 20～50m，长 30～50m，阶段高 50～80m，地压大时矿块尺寸取小值。

②采准切割：阶段运输水平多采用脉内外沿脉与穿脉的环形运输系统，在穿脉巷道装矿。穿脉巷道间距为 30m，电耙道沿走向布置，间距为 10～12m，斗穿对称布置，间距为 5～6m。在矿体下盘掘进矿块脉外天井，与电耙联络道连通。在矿块转角处开 1～2 个深孔凿岩天井及若干个凿岩硐室。凿岩天井与硐室位置应合理，使炮孔深度小、分布均匀及有利于硐室的稳固。

③回采：首先进行补充切割。补充切割的主要任务是用拉底构成补偿空间。补偿空间的体积为崩落矿石体积的 20%～25%。当矿石稳固性不够，为

了防止大面积拉底后矿块提前崩落，可先在矿块下部开掘 2～3 个小补偿空间，并在小补偿空间之间留临时矿柱支撑拉底空间。临时矿柱的数目、尺寸和位置应根据矿体稳固性确定。

最常用的拉底方法有两种：一种是在扩喇叭口的切割小井中打上向中深孔实现拉底。若拉底高度不够，还可在临时矿柱内的凿岩小井中打 1～2 个排水平深孔并爆破，以增加其高度。另一种方法是在拉底水平开专门拉底凿岩巷道，并在其中打扇形深孔，以垂直层向拉底切割槽爆破。

矿块凿岩与拉底平行作业。矿块凿岩时间的长短取决于矿块规格、同时工作钻机数和钻机效率，一般为 3～5 个月。矿块落矿的深孔、上阶段底柱中的炮孔及临时矿柱中的深孔同时装药爆破。先起爆拉底空间中临时矿柱内的炮孔。每层内的深孔可同时起爆也可微差起爆，层与层之间用分段间隔依次起爆。按放矿图表进行放矿。

(2) 向侧面垂直补偿空间落矿阶段强制崩落采矿法。

①特点与矿块规格：这种采矿方法适用于矿石稳固的厚大矿体。它与阶段矿房空场法很近似，只是其矿房尺寸比周边矿柱尺寸小很多。矿房的作用是充当周边矿柱爆破时的补偿空间。当矿体不适宜采用水平深孔落矿时（如果有很发育的水平层理、裂隙等），也应采用垂直层落矿。阶段划分为矿块。阶段高 70～80m，矿块宽 25～27m。矿块可垂直走向布置，其长度等于矿体厚度。

②采准切割：采用上下盘脉外沿脉巷道和穿脉装矿的环行运输系统。底部结构为检查巷道的振动放矿机底部结构。为了提高矿块下部采切巷道的掘进效率，采用无轨掘进设备，为此设有倾角为 12° 的斜坡道，将拉底水平与运输水平连通。

③回采：垂直补偿空间位于矿块一侧，矿块另一侧为已崩落的矿石或废石。以切割天井为自由面，采用下向深孔扩成宽 4～6m，长为矿体厚度的垂直补偿空间。矿块落矿炮孔直径为 105mm。深孔采取上下对打。在上部凿岩巷道向下打三排深孔，在下部凿岩巷道向上打四排深孔，这样可缩短炮孔深度，减小深孔孔底的偏斜值，有利于深孔均匀布置、减少大块、增加装药密度和提高凿岩速度。采用微差起爆，为了拉底，矿块下部凿岩巷道之间留的临时矿柱用水平深孔爆破。

因为矿块凿岩时间很长，有的矿山为了防止和减少炮孔的变形和破坏，要求凿岩时在相邻矿块落矿后的两个月内进行凿岩。先打靠近补偿空间一侧的深孔，靠近崩落区一侧深孔在装药之前最后钻凿。在平面上矿块凿岩推进方向应与补偿空间内爆破方向相反。出矿可采用安装在运输穿脉巷道两侧的斗穿中的振动给矿机。为了处理卡漏和通风，设有专门的检查回风穿脉巷道。

（3）无补偿空间侧向挤压爆破阶段强制崩落采矿法。

这种采矿方法与侧向挤压爆破的分段崩落法非常相似，不同点是分段高度变成阶段高度。这种采矿方法属于单步骤采矿法，它不再划分矿房（补偿空间）与矿柱，整个阶段的回采工艺是一样的，而无须用不同的方法分别开采矿房、顶柱、间柱、底柱等。本法适用于厚大的急倾斜矿体，矿石中稳和中稳以上。

根据放矿方法不同，分为两种方案：底部放矿和端部放矿。

①侧向挤压爆破底部放矿的阶段强制崩落采矿法采用无轨自行设备底部结构出矿。脉内沿脉运输巷道断面为 $16m^2$。从运输巷道向两侧交错掘进装矿巷道，长 $10 \sim 12m$，断面为 $11m^2$。装矿巷道中心线与运输巷道中心线斜交 $45°$。在装矿巷道的端头两侧掘进斗穿、斗颈，断面为 $6m^2$，与堑沟巷道的底部连通，采用垂直层落矿。在堑沟巷道和凿岩巷道中打上向扇形深孔。扇形深孔的排间距为 $2.5m$，孔底距为 $2.5 \sim 3m$。

②侧向挤压爆破端部放矿的阶段强制崩落采矿法：此方案的工艺与有底柱端部放矿分段崩落法工艺基本相同。它采用前倾式倾斜层落矿，振动放矿机与振动运输机运搬。为了缩短炮孔深度，在凿岩巷道中向上、向下打扇形深孔。为了保护振动给矿机和保持出矿巷道上部临时矿柱的稳固性，临时矿柱用浅孔落矿。

（五）无底柱分段崩落采矿法

无底柱分段崩落法是一种机械化程度高、劳动消耗量小的高效率采矿方法。它与端部放矿的有临时底柱的分段崩落法极其近似，主要区别在于取消了回采巷道上部的分段临时底柱，亦因此得名无底柱分段崩落法。由于适用于无底柱分段崩落法的高效率设备的出现，这种采矿方法得到了较广泛的应用。

1. 无底柱分段崩落采矿法的特点

无底柱分段崩落采矿法是将阶段再用分段巷道划分为分段，分段再划分为分条，每一分条内有一条回采巷道 (进路)，分条中无专门的放矿底部结构，而是在回采巷道中直接进行落矿与运搬。分条之间按一定顺序回采，分段之间自上而下回采。随着分段矿石的回采，上部覆盖的崩落围岩下落，充填采空区。分条的回采是在回采巷道内开凿上向扇形炮孔，以小崩矿步距 (1.5～3m) 向充满废石的崩落区挤压爆破，崩下的矿石在松散覆岩下自回采巷道的端部底板直接用装运设备运到溜井。

2. 采准

一个溜井所负担的范围称为一个矿块。矿体厚度小于 15m 时，分条多沿走向布置，反之，垂直走向布置。

分段之间的联络主要有两种方案：设备井方案和斜坡道方案。我国的地下矿山使用装运机早于铲运机，所以很多采用无底柱分段崩落法的矿山仍采用设备井方案。

主要采准巷道有阶段运输平巷、天井、分段巷道、回采巷道。

阶段运输平巷在下盘。天井有 3～4 条，分别用于溜矿，下放废石，上下人员、设备、材料和通风。有时人员上下与设备材料提升分开，人员上下利用电梯，设备井安装大罐笼，用慢动绞车提升，上下设备、材料。

溜矿井一般布置在脉外，溜井之间的距离取决于所用运输设备的合理运距。采用 ZYQ-14 装运机时，合理运距不大于 50m。当沿走向布置分条溜井在矿块中央时，溜井间距可达 120m。开采稳固的急倾斜厚矿体，阶段高度可取大值，部分矿山有达 150m 以上的。

由天井按设计的分段高度掘进分段巷道。由分段巷道掘进回采巷道，回采巷道的断面取决于凿岩及运搬设备的工作规格。回采巷道与分段巷道一般是垂直相交，但当设备转弯半径大时，则需采用弧形相交。

分段高度大，可减少采切工程量，但分段高度受凿岩爆破技术和放矿时矿石损失贫化指标的限制。在现有风动凿岩设备条件下，孔深大于 15m 时，凿岩效率急剧下降，且易发生卡钎、断钎等事故。所以从凿岩角度考虑，分段高度以 10m 左右为宜，采用液压凿岩机凿岩，可提高分段高度。

　　分段巷道应有一定的坡度，以利于排水及运搬设备重载下坡行驶。若矿石中含有大量黄泥或矿石遇水黏结，则不能将水排入溜矿井，可采取打专用泄水孔等措施，以免发生堵塞溜矿井等事故。

　　3. 切割工程

　　切割工程包括掘进切割巷道、切割天井及形成切割槽。

　　分条在回采之前，首先要在回采巷道端部拉开切割槽，为最初落矿创造挤压爆破条件和补偿空间。切割槽宽度不小于 2m，一般等于切割巷道宽度。拉切割槽的工作非常重要。切割槽质量验收标准有：达到设计边界，最好超过分条回采落矿边界；充分贯通上部崩落区，为分条回采创造挤压爆破条件。若切割槽质量不符合要求，分条回采时可能发生悬顶，形成小空场，不仅崩下矿石不能全部安全放出，造成矿石损失，而且悬顶突然冒落，会造成严重事故，悬顶的处理也很困难。

　　常用的拉切割槽方法有两种：

　　（1）切割天井与切割巷道联合拉槽法。矿体较规则时，沿各回采巷道端部矿体边界掘进切割巷道，根据需要在切割巷道中掘进一个或几个切割天井，在切割巷道内钻凿与天井平行的若干排上向深孔，以切割天井为自由面后退逐排爆破，形成切割槽，如果矿体不规则或回采巷道沿走向布置，可在每一个回采巷道端部各掘进一条切割巷道及切割天井。这种方法虽然巷道工程量大，但拉槽可靠、质量好。

　　（2）切割天井和扇形炮孔拉槽法。这种方法不掘进切割巷道，而在每个回采巷道端部各掘进一个切割天井。天井断面为 1.5m×2m，位于回采巷道中间，天井的长边与回采巷道方向一致。在天井两侧用台车或台架凿三排扇形深孔，用微差爆破一次成槽。这种方法只要切割天井高度足够，即可以顺利拉开切割槽。它的优点是不用切割巷道，切割炮孔与回采炮孔都可用台车凿成，工艺简单。缺点是天井数量多。为减少切割工作量，有的矿山采用了不掘进切割天井或切割天井和切割巷道都不掘进的扩槽方法。这种方法是在切割巷道中或回采巷道中，凿若干排角度不同的扇形孔，一次或分次爆破形成切割槽。

　　4. 崩落废石覆盖层的形成

　　用无底柱分段崩落采矿法回采最上一个分段时，在其上部要形成崩落废石覆盖层。这是因为没有覆盖废石层不能构成挤压爆破的条件，爆下矿石崩入空场，大部分矿石在本分段将放不出来。没有覆盖废石做缓冲层时，如果上部围岩突然大量崩落，巨大的冲击地压将造成严重的安全事故。废石覆盖层的最小厚度应保证分段回采放矿时，不会使巷道端部与上部空区贯通。一般认为，崩落废石覆盖层的最小厚度应等于分段高度的1.5~2倍（15~20m）。

覆盖层的形成有四种方法：

（1）矿体上部已用其他采矿方法回采，采空区已处理充满废石，改用这种采矿方法时，则已经自然形成废石覆盖层。

（2）由露天开采转入地下开采时，可用处理露天边帮或舍弃的废石形成覆盖层。

（3）对于围岩不稳固的盲矿体，随矿石的回采，围岩可自然崩落形成废石覆盖层。

（4）对于围岩稳固的盲矿体，需要人工强制崩落顶板形成废石覆盖层。形成的方法有随回采随崩落顶板和大面积崩落顶板两类。

三、充填法

（一）单层充填采矿法

单层充填采矿法多用于开采水平微倾斜和缓倾斜薄矿体，或上盘岩石由稳固到不稳固，地表或围岩不允许崩落的矿体。将阶段（或盘区）划分成矿块（或采区），沿矿块（采区）倾斜全长用壁式工作面沿走向回采。随工作面的推进，有计划地用水砂或胶结充填采空区，以控制顶板崩落。由于采用壁式工作面回采，也叫壁式充填法。

1. 采场结构参数

阶段高20~30m，矿块斜长30~40m，沿走向长60~80m。控顶距为2.4m，充填距为2.4m，悬顶距为4.8m。矿块间不留矿柱，一个步骤回采。

2. 采准和切割

由于底板起伏较大，顶板岩石有自燃性，阶段运输巷道掘在底板岩石中，距底板8~10m。在矿体内布置切割平巷，作为崩矿的自由面，同时可作行人、通风和排水等用。上山多布置在矿块边界处。沿走向每隔 15～20m 掘矿石溜井，连通切割平巷与脉外运输巷道。不放矿时，矿石溜井可作通风和行人通道。

3. 回采

长壁工作面沿走向一次推进 2.4m，沿倾斜每次的崩矿量根据顶板允许的暴露面积决定，一般为 2m 左右。用浅孔凿岩机凿岩，孔深 1m 左右。崩下的矿石用电耙运搬：先将矿石运至切割平巷，再倒运至矿石溜井。台班效率为 25～30t。由于顶板易冒落，要求边出矿，边架木棚，其上铺背板和竹帘。当工作面沿走向推进 4.8m 时，应充填 2.4m。充填前应做好准备工作，包括清理场地，架设充填管道、钉砂门子和挂砂帘子等。砂门子分帮门子、堵头门子和半截门子等，其主要作用是滤水和拦截充填料，充填料堆积在预定的充填地点。

水力充填是逆倾斜由下而上间断进行，即由下向上分段拆除支柱和充填。每一分段的长度和拆除支柱的数量根据顶板稳固情况而定。也可以不分段一次完成充填，但支柱回收率很低。采用胶结充填时，一般用采矿巷道回采矿石，其矿壁起模板的作用。

4. 评价

当开采水平或缓倾斜薄矿体时，在顶板岩层不允许崩落的复杂条件下，单层充填法是唯一可用的采矿方法。此采矿法矿石回采率一般高于 92%，贫化率一般小于 7%，其缺点是采矿工效较低，国内统计，一般采矿效率在 4～5t/（工·班），坑木消耗量为 18～22m³/kt。

（二）上向水平分层充填采矿法

上向分层充填采矿法的矿块多用房式回采。将矿体划分为矿房和矿柱，第一步，回采矿房；第二步，回采矿柱。回采矿房时，自下向上平分层进行，随工作面向上推进，逐层充填采空区，并留出继续上采的工作空间。充填体维护两帮围岩，并作为上采的工作台。崩落的岩石落在充填体表面上，用机械方法将矿石运至溜井中。矿房回采到最上面分层时，进行接顶充填。矿柱则在采完若干矿房或全阶段采完后，再进行回采，视情况采用不同的方式回采矿柱。回采矿房的充填方法可用干式充填、水力充填或胶结充填。干式充填方法目前应用很少。水力充填采矿法虽然充填系统复杂，基建投资费用高，但充填体致密，充填工作易实现机械化，工人作业条件好，矿山使用较多。

1. 干式充填方案

对于干式充填采矿法的矿块布置方式，根据矿体厚度及矿岩稳固程度不同而定。当矿体厚度小于15m时，一般沿走向布置；当矿体厚度大于15m时，垂直走向布置。

（1）矿块构成要素：矿房长30～60m，宽为矿体的水平厚度，间柱的宽度取决于矿柱的回采方法、矿岩稳固程度及人行通风天井是否在间柱之中，一般为7～10m。矿房的面积主要取决于矿石的稳固程度，矿石稳固时为300～500m²，矿石极稳固时为800～1200m²。阶段高度一般为30～60m，加大阶段高度可以增加矿房矿量，降低采切比及损失贫化率。但是，当矿体厚度不大而倾角变化大时会造成溜矿井的架设困难。溜井溜放矿石多，下部磨损大，维护困难。无二次破碎底部结构，底柱高度一般为4～5m，顶柱高3～5m。

（2）采准切割：采准工程包括阶段运输平巷、矿块人行通风天井、联络道、充填天井及溜矿井在底柱中的部分、回风巷道。切割工程是在矿房拉底水平的中央沿采场的长轴方向掘进拉底平巷。溜井的下部在底柱中的一段是掘进形成，空区内的部分是在充填料内顺路架设而成。采用木料支护时溜井断面为方形、矩形，用混凝土支护则为圆形。溜井短边尺寸或内径由溜放矿石的块度决定，一般为1.5～1.8m。每个矿房的溜井数应不少于两个，爆破时应将一落矿范围内的溜井上口盖住，而用另一个溜井出矿。溜井位置的确定以运搬矿石距离最小为原则。阶段运输平巷采用脉内布置形式，这样便于布置溜井。矿块人行通风天井设于间柱之中，并靠近上盘，以便将来改为回采间柱的充填天井。天井用联络道与矿房连通，上下两联络道的间距为6～8m。

为了减少采切工程，也可以在充填料中顺路架设人行井，这样还能适应矿体的形态变化。充填天井一般不储存充填料，故其倾角大于充填料自然安息角即可。为便于充填料的铺撒，充填天井应布置在矿房的中部靠上盘的地方。为保证安全，任何顺路井不得与充填井布置在同一垂面上。

（3）回采及充填工作：回采是由下向上水平分层逐层回采，采完一层及时充填一层。回采一个分层的作业有凿岩爆破、洒水撬毛、矿石运搬、砌筑隔墙、接高顺路井、充填及浇灌混凝土垫板等，上述作业之总和叫作一个分层的回采循环。回采分层高度为 1.5～2m。用上向式或水平式凿岩机浅孔落矿，前者可一次集中把分层炮孔全部打完，然后一次或分次爆破。上向孔凿岩工时利用率高，辅助作业时间少，大块产出率低，但打上向孔操作条件差，在节理发育的地方作业不够安全。整个分层一次爆破时，需拆除所有设备及管线，凿岩与运搬难以平行作业，所以用上向孔落矿时多采用分次爆破。水平孔落矿顶板平整，作业安全，凿岩与运搬可同时平行作业，但每次爆破矿石量少，辅助作业时间比重高。

矿石运搬使用电耙。电耙坚固耐用，操作简便，维修费用低，并可辅助铺撒充填料，但采场四周边角的矿石不易耙尽，需辅以人工出矿。此外，需在充填料上铺高强度的混凝土垫板，不然会使贫化损失增加。为了防止将来回采间柱时矿石与充填料相混，需预先将充填料与间柱分开。分开的方法是在矿房充填体与间柱之间浇灌或砌筑混凝土隔墙，隔墙的厚度为 0.5～1m。接高顺路井可与砌隔墙同时进行。为提高效率减轻劳动强度，一些矿山使用了先充填后筑墙的方法，即先用混凝土预制砖的干砌体构成隔墙的模板，然后开始采场干式充填。当充填至应充高度还差 0.2m 时停止，由充填井下混凝土，同时浇灌隔墙、混凝土垫板及顺路井井壁。干式充填料为各种废石，要求含硫不能太高，无放射性，块度不超过 500mm，以便充填料的铺撒。

2. 水力充填方案

（1）矿块结构和参数：当矿体厚度不超过 15m 时，矿房的长轴沿走向布置；当超过 15m 时，矿房的长轴沿垂直走向布置。矿房沿走向布置的长度一般为 30～60m，有时达 100m 或更大。垂直走向布置矿房的长度一般控制在 50m 以内，此时，矿房宽度为 8～10m。

阶段高度一般为 30～60m。如果矿体倾角大，倾角和厚度变化较小，矿体形态规整，则可采用较大的阶段高度。间柱的宽度取决于矿石和围岩的稳固性以及间柱的回采方法。用充填法回采间柱时，其宽度为 6～8m，矿岩稳固性较差时取大值。阶段运输巷道布置在脉内时，一般需留顶柱和底柱。顶柱厚 4～5m，底柱高 5m。为减少矿石损失和贫化，也有用混凝土假巷，以代替矿石矿柱。

（2）采准和切割工作：在薄和中厚矿体中，掘进脉内运输巷道；在厚矿体中，掘进脉外沿脉巷道和穿脉巷道，或上、下盘沿脉巷道和穿脉巷道。在每个矿房中至少布置两个溜矿井、一个顺路人行天井（兼作滤水井）和一个充填天井。溜矿井用混凝土浇灌，壁厚300mm，圆形内径为1.5m。人行滤水井用预制钢筋混凝土构件砌筑，或浇灌混凝土（预留泄水小孔）。充填天井断面为2m×2.4m，内设充填管路和人行梯子等，是矿房的安全出口，其倾角为80°~90°。

在底柱上部掘进拉底巷道，并以它为自由面扩大至矿房边界，形成拉底空间，再向上挑顶2.5~3m，并将崩下的矿石经溜矿井放出。形成4.5~5m高的拉底空间后，即可浇灌钢筋混凝土底板。底板厚0.8~1.2m，配置双层钢筋，间距为700mm。

（3）回采工作：用浅孔爆破落矿，回采分层高为2~3m。当矿石和围岩很稳固时，可以增加分层高度（达4.5~5m），用上向孔和水平孔两次崩矿，或者打上向中深孔一次崩矿，形成的采空区可高达7~8m。崩落的矿石一般用电耙出矿。近年来，国外广泛使用装运机或铲运机装运矿石。矿石出完后，清理底板上的矿粉，然后进行充填。充填前要进行浇灌溜矿井、砌筑（或浇灌）人行滤水井、浇灌混凝土隔墙等工作。先用预制的混凝土砖（规格为300mm×200mm×500mm）砌筑隔墙的外层，然后浇灌0.5m厚的混凝土，形成隔墙的内层，其总厚度为0.8m。混凝土隔墙的作用主要为第二步骤回采间柱创造良好的回采条件，以保证作业安全和减少矿石损失和贫化。

目前广泛使用选矿厂脱泥尾砂或冶炼厂的炉渣，沿直径为100mm的管道水力输送到工作面，充填采空区。充填料中的水渗透后经滤水井流出采场，充填料沉积在采场内，形成较密实的充填体。为防止崩落的矿粉渗入充填料并为出矿创造良好的条件，在每层充填体的表面铺设0.5~0.2m厚的混凝土底板。1天后即可在其上部凿岩，2~3天后即可进行落矿或行走自行设备。

3. 胶结充填方案

用干式、水砂、尾砂充填料充填空区，虽可以承受一定的压力，但它们都是松散介质，受力后被压缩而沉降，控制岩石移动效果差。回采矿房时需砌筑混凝土隔墙、浇灌钢筋混凝土板，但回采矿柱时，隔墙隔离效果不理想，还需要建立水力充填料及混凝土输送的两套系统及排水、排泥设施。

目前，为更有效地控制岩石移动，保护地表，降低矿石损失贫化指标，国内外的矿山越来越多地采用胶结充填采矿法。胶结充填方案的矿块采准、切割和回采等，与水力充填方案基本相同，区别仅在于顺路行人天井不要按滤水条件构筑，溜矿井和行人天井在充填时只需立模板就可形成，因为胶结充填不必构筑隔墙、铺设分层底板和建筑人工底柱。由于胶结充填成本很高，第一步回采应取较小尺寸，但所形成的人工矿柱必须保证第二步回采的安全，而第二步可以采用水力充填回采，故可选取较大的尺寸。为了较好地保护地表和上覆岩层不移动，胶结充填接顶问题必须很好地解决。常用的接顶方法有人工接顶和砂浆回压接顶。人工接顶就是将最上部一个充填分层，分为1.5m宽的分条，逐条浇筑。浇筑前先立1m多高的模板，随充填体的加高逐渐加高模板。当充填体距顶板0.5m高时，用石块或混凝土砖加砂浆砌筑接顶，使残余空间完全填满。这种方法接顶可靠，但劳动强度大，效率低，木材消耗也大。

砂浆加压接顶是用液压泵，将砂浆沿管路压入接顶空间，使接顶空间填满。在充填前必须做好接顶空间的密封，包括堵塞顶板和围岩中的裂缝，以防砂浆流失。体积较大的空间（大于100m³），如有打垂直钻孔的条件，可采用垂直管道加压接顶；反之，则采用水平管道加压接顶。

此外，我国还做过混凝土泵和混凝土浇灌机风力充填接顶的试验，效果良好。还可以采用喷射式接顶充填，将充填管道铺设在接顶空间的底板上，适当加大管道中砂浆流的残余力，使排出的砂浆具有一定的压力和速度，以形成向上的砂浆流，使此充填料填满接顶空间。

4. 上向水平分层充填采矿法的优劣

充填采矿法最突出的优点是矿石损失贫化小，但效率低，劳动强度大。应用水力充填和胶结充填技术，以及回采工作合作无轨自选设备，使普通充填采矿法提高到新的水平（机械化充填采矿法），进入高效率采矿方法行列，合作范围不断扩大，而且有进一步发展的趋势。回采工作使用自行设备（凿岩台车、铲运机等），要求开凿斜坡道，能使这些设备进入所有回采分层，这就改变了过去充填法的采准方式，增大沿走向布置的矿房长度（达150～600m或更大），或采用垂直走向布置矿房和矿柱的采区开采形式，使采场结构发生较大的变化。胶结充填虽然改进了水力充填某些缺点，但还存在以下问题。

（1）充填成本高。据统计，水力充填费用占采矿直接成本的15%～25%，而胶结充填则占35%～50%。成本高的原因是采用价格较贵的水泥和采用压气输送胶结充填料。因此，应寻求廉价的水泥代用品或采用较小灰砂比（1∶25～1∶32）以及采用胶结材料输送新方法。

（2）充填系统复杂。我国一般先用胶结充填回采矿房，然后用水力充填回采间柱，这就使充填系统和生产管理复杂化。如果两个步骤都用胶结充填，成本就要增高，因此应进行技术经济分析和研究，求得合理的技术经济效果。

（3）阶段间矿柱回采困难。水力或胶结充填都为间柱回采创造了安全、方便的条件，但顶底柱回采仍很困难。我国使用充填法的矿山都积压了大量的顶底柱未采。提高人工底柱建造速度，以人工底柱代替矿石底柱，是解决这个问题的有效途径。

（三）上向倾斜分层充填采矿法

此法与上向水平分层充填法的区别是，用倾斜分层（倾角近40°）回采，在采场内矿石和充填料的运搬主要靠重力。这种采矿方法只能使用干式充填。过去，这种采矿方法用矿块回采。充填料自充填井溜至倾斜工作面，自重铺撒。铺设垫板后进行落矿，崩落的矿石靠自重溜入溜矿井，经漏口闸门装入矿车。在矿块内，回采分为三个阶段，首先回采三角形底部，以形成倾斜工作面，然后进行正常倾斜工作面的回采，最后采出三角顶部的矿石。应用自行设备后，倾斜分层充填采矿法改为沿全阶段连续回采。最初只需掘进一个切割天井，形成倾斜工作面，沿走向连续推进。崩下的矿石沿倾斜面自重溜下，用自行装运设备运出。充填料从回风水平用自行设备运至倾斜面靠自重溜下。

随着上向水平分层充填采矿法的机械化程度提高，利用重力运搬矿石和充填料的优越性越来越不突出。倾斜分层回采的使用条件较严格（比如要求矿体形态规整、中厚以下矿体、倾角应大于70°等），铺设垫板很不方便，以及不能使用水力和胶结充填等，矿块回采的倾斜分层充填法将被上向水平层充填法所代替。连续回采倾斜分层方案可能还会采用。

(四) 下向分层充填采矿法

下向分层充填采矿法用于开采矿石很不稳固或矿石和围岩均很不稳固、矿石品位很高或价值很高的有色金属或稀有金属矿体。这种采矿方法的实质是：从上往下分层回采和逐层充填，每一分层的回采工作是在上一分层人工假顶的保护下进行。因此，采矿工作面的安全主要取决于人工充填假顶的质量，与矿石的稳固程度无关。回采分层为水平的或与水平成 $4°\sim10°$ （胶结充填）或 $10°\sim15°$ （水力充填）倾斜。倾斜分层主要是为了充填接顶，也有利于矿石运搬，但凿岩和支护作业不如水平分层方便。下向分层充填法按充填材料可划分为水力充填和胶结充填两种方案，但不能用干式充填。

1. 下向分层水力充填采矿法

（1）矿块结构和参数。阶段高度为 $30\sim50m$ ，矿块长度为 $30\sim50m$ ，宽度等于矿体的水平厚度，不留顶柱、底柱和间柱。

（2）采准和切割工作。运输巷道布置在下盘接触线处或下盘岩石中。天井布置在矿块两侧的下盘接触带，矿块中间布置一个溜矿井。随回采分层的下降，行人天井逐渐为建筑在充填料中的混凝土天井所代替，而溜矿井从上往下逐层消失。第一分层回采前，先沿下盘接触带掘进切割巷道。当矿体形状不规则或厚度较大时，切割巷道也可布置在矿体的中间。

（3）回采工作。回采方式分为巷道回采和分区壁式回采两种。当矿体厚度小于 6m 时，沿走向布置两条采矿巷道，先采下盘的矿体，后采上盘的矿体；当矿体厚度大于 6m 时，采矿巷道垂直或斜交切割巷道，且采取间隔回采。分区壁式回采是将每一分层按回采顺序划分为区段，以壁式工作面沿区段全长推进，回采工作面以溜井为中心按扇形布置，每一分区的面积控制在 $100m^2$ 以内。

充填前要做好下列工作：清理底板，铺设钢筋混凝土底板，钉隔离层及构筑脱水砂门等。铺设钢筋混凝土底板一般采用直径为 $10\sim12mm$ 的主筋和直径为 6mm 的副筋，网度为 $200mm\times200mm\sim250mm\times250mm$ 。巷道回采时，主筋应垂直巷道布置，其端部做成弯钩，以便和相邻巷道的主筋连成整体。采用水泥：砂：石 $=1:17:29$ 的混凝土体积配比，要求达到 $100\sim150$

号，就足以保证下分层回采作业的安全。

钉隔离层是将准备充填的巷道或分区与未采部分隔开，预防充填体的坍塌。每隔 0.7m 架一根立柱，柱上钉一层网度为 20mm × 20mm ~ 25mm × 25mm 的铁丝网，再钉一层草垫或粗麻布，在底板处留出 200mm 长的余量并弯向充填区，用水泥砂浆严密封住以防漏砂。

脱水砂门是一种设在切割巷道中靠待充填巷道或分区边界上，用混凝土砖或红砖砌筑的墙，墙中埋设若干短竹筒或钢管，一般每隔 0.5m 高设一排，每排 2 ~ 3 根。脱水砂门开始只砌 1.2 ~ 1.5m 高，随充填料的加高逐步加砌直到接顶。若回采巷道长度大于 50m，应设两道脱水砂门，以利于提高充填质量。

充填管紧贴顶梁，于巷道中央并向上仰斜 5° 架设，以利于充填接顶，其出口距充填地点不宜大于 5m。如巷道很长或分区很大，应分段进行充填。若下砂方向与泄水方向相反，可采用由远而近的后退式充填。整个分层巷道或分区充填结束后，再在切割巷道底板上铺设钢筋混凝土底板和构筑脱水砂门，然后充填。切割巷道充填完毕，再做好闭层工作，即可开始下一分层的切割和回采工作。

2. 下向分层胶结充填采矿法

它与下向分层水力充填采矿法的区别仅在于充填料不同，从而取消了钢筋混凝土底板和钉隔离层，只需在回采巷道两端构筑混凝土模板，这样就大大简化了回采工艺。矿块结构、采准及回采工艺与前述采矿法基本相同。一般采用巷道回采，其高度为 3 ~ 4m，宽度为 3.5 ~ 4m 甚至可达 7m，主要取决于充填体的强度。巷道的倾斜度（4° ~ 10°）应略大于充填混合物的漫流角。回采巷道间隔开采，逆倾斜掘进，便于运搬矿石；顺倾斜充填，利于接顶。上下相邻分层的回采巷道应互相交错布置，防止下部采空时上部胶结充填体脱落。

用浅孔落矿，采用轻型自行凿岩台车凿岩，自行装运设备运搬矿石。自行设备可沿斜坡道进入矿块各分层。从上分层充填巷道，沿管路将充填混合物送入充填巷道，以便将其充填至接顶为止。充填尽可能连续进行，这样有利于获得整体的充填体。在充填体的侧部（相邻回采巷道），经 5 ~ 7 天，便可开始回采工作，而其下部（下一分层）至少要经过两周才能回采。对于深部矿体（500～1000m 或更大）或地压较大的矿体，充填前应在巷道底板上铺设钢轨或圆木，在其上面铺设金属网，并用钢绳把底梁固定在上一分层的底梁上，充填后形成钢筋混凝土结构，可增加充填体的强度。

（五）充填工艺系统

根据充填体在采场中的不同作用，选取与之相适应的充填材料、制备工艺和输送方法。

1. 充填体的作用

（1）有效地支撑和控制矿山地压。采空区经充填材料充填以后，由于充填体围压的作用，从而有效地控制了矿山地压，限制了地表移动和沉陷，能对地表建筑物和河流等起到较好的保护作用。

（2）充填体的隔离作用。对于胶结充填体或带混凝土隔墙的充填体，在间柱回采时，可避免矿房上下盘及上阶段废石涌入间柱采场，使间柱的回采工作面得到安全保障，降低间柱回采贫损指标；充填体能支撑与隔离自燃发火矿石，防止冒落、破碎、发热，防止内因火灾的发生；充填体能隔离放射源，减轻放射性污染对人体的危害。

2. 充填材料

充填材料分为干式充填材料、水砂充填材料及胶结充填材料三种。

（1）干式充填材料主要为废石，可利用井下巷道掘进的废石，但数量有限，满足不了充填的需要，为此常在井下开辟专用采场开采废石，或在地面设置露天采石场生产充填废石。充填材料应是惰性材料，不含挥发性有害气体，含硫不应超过 8%，以防产生高温和二氧化硫，恶化井下大气或酿成井下火灾。干式充填材料的块度应根据充填设备而定：当使用重力充填时，最大块度的直径一般不超过 300mm；当使用抛掷机充填时，最大块度直径应小于 70mm；当使用风力输送时，最大粒径要小于管径的 1/3，一般不大于50mm。

（2）常见的水砂充填材料有尾砂、河砂、山砂、破碎砂及水淬炉渣等。在我国一般矿山主要采用尾砂作为水砂充填材料。水砂充填时对充填材料的性质要求较严格，其化学性质必须稳定、颗粒本身要有一定强度，另外还应有较好的渗透性，以能及时脱水便于进行下一循环的回采作业。全尾砂充填料中细泥含量较多，很难使渗透系数达到 5~7cm/h，因此充填前应采用水力旋流脱泥，使充填用沉砂中 0.02mm 以下的细粒级含量不大于 15%。尾砂的渗透性能主要与其粒级组成（主要是细泥含量）和尾砂矿物的物化性质有关。新设计的尾砂充填的矿山需作渗透试验，按 10℃时的渗透系数 K_{10}>7cm/h 确定尾砂中 0.02mm 以下的细粒级的含量。山砂、河砂、破碎砂及水淬炉渣等充填材料的粒径比尾砂要大得多，其渗透性能良好，需要注意的是，在输送时其最大粒径要小于管径的 1/3，且接近管径 1/3 的颗粒不宜超过 15%。

水砂充填的充填体的沉降率是随孔隙率的减少而降低的。为了降低孔隙率，改善充填体的力学性质，可在粗砂中加入一定数量的细砂。如对抚顺煤矿的充填材料进行试验得知：在破碎后的页岩中加入 35%~40% 的河砂，充填体的孔隙率由 39% 降到 31.5%，从而降低了沉降率。

（3）胶结充填材料在环境的影响下，材料本身的物理和化学性质发生变化，使充填材料胶凝形成不同力学特性的整体，主要的胶凝材料是水泥，由于水泥价格高，为降低充填成本，广泛采用各种地方活性材料。

①水泥。水泥是胶结充填中主要的胶结材料。

②火山灰类。它包括粉煤灰、高炉炉渣、反射炉渣等。矿渣需经磨碎，一般要求其粒度为 0.074mm 的不低于 40%~50%。这类物质视其火山灰活性程度来确定能否部分代替水泥作为胶凝物质，取决于二氧化硅及氧化钙的含量。使用火山灰类物质前需进行实验来确定其效果及加入量。

③尾砂胶结充填料。尾砂胶结充填在国内外均得到了广泛应用，影响尾砂充填体强度的主要因素有水泥含量及充填体浓度。

实际生产中，灰砂比多为 1:8~1:10。为提高顶底柱的回收率，在矿块底部经常采用 1:4~1:6 的灰砂比。胶结充填的浓度对充填体强度影响较大，浓度较低时，水泥产生严重离析，使充填体强度大为下降；充填浓度超过 68% 时，水泥离析基本消失。

④细砂胶结充填料。细砂系指山砂、河砂及棒磨砂等。

⑤充填用混凝土。充填用混凝土的水泥量及水灰比是影响充填体强度及输出性能的主要因素。小水灰比流动性能差，需要矿车、电耙等方式运送，但在相同水泥含量条件下，可以达到较大的强度。

3. 充填工艺

（1）充填料的输送方法有水力输送、风力输送和机械输送。

①水力输送。在地面充填制备站，经过充填管路利用自重输送或用泵将水砂充填材料或胶结充填材料送往井下采场进行充填。

②风力输送。一般是在井下设置充填站，制备胶结充填材料或干式充填材料，再通过管路，用压气输入采场进行充填。

③机械充填。干式充填材料经常是通过充填井下井，再转运到采场。通过电耙或抛掷机进行充填。充填用混凝土或在地表搅拌，经垂直管路下井或在井下设制备站制备，然后送到采场，再用电耙或抛掷机充填。

无论是风力充填还是机械充填，均有辅助的输送充填料下井问题，环节多，工艺较复杂。但风力充填机和抛掷机充填有充填密度大、接顶好的优点。在某些采矿方法，如上向或下向进路充填法中，可充分显示出其优越性。

（2）从流变学角度出发，水力输送可分为牛顿流的非均质流及非牛顿流的均质流。在一定的输送物料（体重、粒度）条件下，浓度是决定浆体是属于牛顿流非均质流还是非牛顿流的均质流的主要因素。

目前，我国绝大部分矿山的水力输送水砂充填材料和胶结充填材料均为非均质流。尾砂充填时，尾砂体重约为 $2.7g/cm^3$，重量浓度（质量分数）小于69%（视粒度级配）为非均质流。粗砂的水砂充填均为非均质流，这类低浓度的非均质流输送水砂充填，要求充填料有较好的渗透系数，在采场内安装良好的脱水设施，使之及时脱水。输送非均质流的胶结充填材料，因其含水量大，易产生水泥离析现象，充填体强度低。采场脱水以溢流为主。为减少水平方向的水泥离析，在充填过程中尽可能及时移动采场内的充填软管。

输送非均质流充填料，其含水量大，在脱出的水中，经常含有较多的细粒级固体物料，需及时沉淀处理，应尽量不使之进入水仓。可在阶段中设采区沉淀池，固体物料在沉淀池沉淀后，可及时清除，清水流入水仓。输送浆体的浓度提高到一定程度后形成均质流，均质流输送主要用于输送尾砂充填料、尾砂胶结充填料及细砂胶结充填料。其优点在于可防止管路堵塞，有利于减轻管路磨损及减少井下排水及污染。对于胶结充填料来讲，更为主要的优点是可以大为提高充填体的强度。目前，国产的各类砂泵长期输送高浓度（70%以上）的充填料是有一定困难的，均质流输送主要是利用倍线自重输送。

（3）全尾砂充填工艺：国内的尾砂充填均用沉砂，经常出现沉砂量不足，溢流尾砂不能筑坝，需采石筑坝，费用较高，细粒级溢流尾砂对环境产生污染，采用全尾砂充填可以避免和改善上述问题。全尾砂充填的难度在于细粒级尾砂的沉降与脱水，理想条件是在地面制成高浓度的均质流输送到井下，而不在井下脱水。目前主要是用于采空区的碉后充填。

四、崩落法转充填法的主要优点

崩落法转充填开采过渡方法避免了地下矿山继续开采而造成地表的持续塌陷，实现了开采对地表的最小影响及危害，减少了地表塌陷及对环境的破坏，减少了矿山开采的征地面积。

主要优点：在开采地下矿石资源的过程中，避免了地表继续塌陷，避免了开采对地表环境的破坏，同时减少了矿山征地，实现了矿山开采与生态环境的和谐。

第三章 煤田地震技术

第一节 煤田地震勘探技术应用现状及规范

一、煤炭地震勘探的发展历程

我国煤炭地震勘探技术经过 60 多年的发展历史，从使用光点仪、模拟仪、数字仪到无线遥测仪，从折射到反射，从单次覆盖到多次覆盖，从二维到三维。同时，地震波的基本理论、仪器设备、野外工作方法、资料处理技术及解释方法等方面不断更新迅速发展，其发展过程概括为以下几个阶段。

（一）起步阶段

我国煤炭地震勘探的起步阶段期间，使用光点地震仪，应用折射波及对比折射波法和简单的单次覆盖反射方法为我国一些老矿外围进行了扩大和延伸勘查，发现了一些新的煤炭资源，受到煤炭工业部和地质部的高度重视，为我国煤炭地震技术的进步和勘探队伍的发展壮大奠定了良好的基础。

在进口的第一台民主德国生产的 Askanina-24 型 24 道光点地震仪后，开始先后引进了匈牙利、苏联和瑞典等国制造的光点地震仪总计 26 台。1955年中国的第一个煤田地震队成立，成立的同年在华北平原的开平煤田佃家寨区进行了方法试验。在该煤田的弯道山井田试验成功，取得了煤系和非煤系地层的界面数据，初步确立了用以寻找新煤田的地震折射波野外工作方法和资料解释方法，并在徐州某区首次进行了单次覆盖反射波法勘探。随后，在华北平原、黄淮平原、松辽平原、西北、江南地区利用地震方法开展了找煤和圈定煤田边界的工作，并在当地寻找和发现了一些隐伏煤田，圈出了相关煤田边界，并得到地质钻探验证，地质效果显著。该方法的应用发现了一些隐伏煤田，并大大加快了勘探速度，节省了为控制煤田边界而造成的钻探工程量的浪费，为进一步普查、详查提供了可靠的依据。这些成果初步体现了利用地震勘探寻找新的煤炭资源以及其配合钻探进行综合勘探的作用，为我国煤炭地震勘探的进一步发展埋下了伏笔。

(二) 发展阶段

20 世纪 70 年代是我国煤炭地震勘探的重要的发展阶段。期间，调整队伍布局，集中力量打歼灭战，组织实施了江苏省丰沛煤田大屯、河北省邯邢及开平煤田、河南永夏煤田、安徽省淮南煤田顾桥井田、山东省济宁煤田等地震勘探会战，完成了众多普查、详查和部分精查地震勘探，获得了很好的地质成果，同时也交流了经验，锻炼和发展了队伍，全国拥有地震队 42 个；在广泛进行国际交流和学习的基础上，不断进行技术攻关，实现了煤田地震勘探磁带化，仪器更新为第二代地震仪器——模拟地震仪，地震勘探方法也有了新的突破，开始采用多次覆盖的反射地震技术，同时实现了地震资料数字化处理，获得了高信噪比的地震时间剖面，大大提高了地震手段解决煤田地质问题的能力，为我国煤田高分辨率地震勘探技术的产生，以及将地震作为必不可少的手段的综合勘探方法的发展成熟奠定了良好的基础。

(三) 数字化和高分辨率阶段

数字化和高分辨率阶段也是我国煤田装备数字化、高分辨率地震技术研究、应用阶段。地震设备进入数字化时代，也就是第三代地震仪器。中国生产的第一台 MSD-1 型数字地震仪和美国生产的 DFS-5 数字地震仪，先后在安徽淮南刘庄井田和黑龙江东荣煤田三井田投入使用，开展了一系列的方法试验，极大地提高了煤炭地震勘探解决地质问题的能力，标志着中国煤炭地震勘探进入数字时代。在充分调研和考察的基础上，我国引进了美国产的 DFS-5、ES-2420 和法国产的 SN338HR 及 SN358 数字地震仪，总计 21 台。对于地震资料处理，开始用国产计算机和软件进行处理，之后从美国引进了以 IBM4381 为主机的地震资料处理系统，处理软件是美国的 TI-PEX 处理系统，并同时引进了地震资料解释系统。经过多年的实践表明，这批数字地震仪器稳定性能好、精度高，大大地提高了煤炭地震勘探的精度，拓宽了解决地质问题的范围，为煤炭高分辨率地震勘探的试验成功提供了必不可少的装备条件，也使控制小构造见长的地震勘探成为综合勘探中一个不可或缺的有效手段。在其服务的十几年内，完成了大量的地震勘探项目，提交了高质量的普查、详查和精查报告。

（四）采区地震阶段

进入 20 世纪 90 年代，为了适应煤炭工业发展的需要，进一步提高煤炭地震勘探精度，开展三维地震勘探以及在山区等复杂地区开展地震勘探，中国煤炭地质总局在原煤炭工业部和国家开发银行的支持下，引进了三套具有 20 世纪 90 年代国际先进水平的法国的 SN-388 遥测地震采集系统及 Sercel 公司的母公司法国 CGG 公司出品的 GEOVECTEUR PLUS 地震处理系统，同时引进了美国 GEOQUEST 公司的地震资料解释系统，这标志着我国煤炭地震勘探装备又进入了新的时代，可称之为第四代。引进的三套 SN-388 遥测地震采集系统自投入使用三年时间内，分别在我国东北、华北、中南等地区完成各类地震勘探项目 30 个，同时为解决山区地震勘探面临的静校正问题，还引进了美国公司的折射静校正软件，取得了良好效果。

煤炭高分辨率地震勘探技术研究获得了成功，随着地震勘探分辨率的提高，其成为详细查明小断层、小褶曲、陷落柱、采空区、冲刷带、煤层变化等重要地质资料的主要手段，二维地震勘探基本可以查明落差十米以上断层和褶曲。

（五）三维地震阶段

煤矿采区三维地震勘探最早是在淮南矿务局谢桥煤矿的东、西一采区进行的，CDP（Common Depth Point）网格选用 10m × 10m，获得了极大的成功，基本上可以查明 5m 以上断层和褶曲，矿井地下巷道清晰可见。之后，在中国煤炭地质总局的组织协调下，在国家开发银行和各省（区）煤炭工业局（厅）、广大煤炭企业、有关学校、科研院所的配合支持下，在各物探专业队伍的努力下，从东部到西部、从平原到山区、从陆地到湖上、从国有大型矿井到地方煤矿，三维地震勘探得到了迅速的推广应用，地震勘探的精度和分辨率大大提高，为高产高效矿井建设提供了有效的地质保障，其成果的应用在优化矿井采区设计，降低万吨掘进率，进行资料动态分析解释，合理布置综采面，延长工作面长度，提供地质保障，保证矿井安全生产，合理留设安全煤柱，提高资源利用率等方面起到了重要作用，获得了巨大的经济和社会效益。

中国煤炭地质总局和阳泉煤业集团联合在阳泉五矿实施了第一个煤炭山区三维地震勘探工程，开创了我国煤炭山区三维地震勘探的先例。在采集、处理和解释各环节中均取得了技术突破，并取得了很好的地质效果。探测出陷落柱27个，经巷道、钻孔对部分陷落柱进行验证，准确率高于80%。在藤县煤田五号井田首采区进行了湖上三维地震勘探，获得了很好的效果，总结和完善出了一套适合于各种水域条件的水上高分辨地震勘探的技术方法和设备。之后，又在山东枣庄、兖州、江苏大屯等矿区均进行了水上三维地震勘探工作。

为满足煤矿企业的要求，各物探专业队伍先后购置了有国际先进水平的美国的 BOX、DS-6，德国的 SUMMIT 等遥测数字地震仪 11 台（套）4500 道。中国煤炭地质总局物探研究院对原有处理和解释系统进行了升级或新购买了处理、解释工作站。引进了美国的 SGI ORIGIN2000 并行计算机和 SUN ULTRA 高性能解释工作站，同时将地震处理系统和地震资料解释系统升级为最新版本。同时还开展了一系列的研究，引进了三维设计软件，开发出了一大批新的全三维处理技术。丰富和发展了全三维地震解释技术，实行剖面、平面和立体解释相结合的综合解释办法，充分利用切片解释技术、地震属性解释技术、断层模式识别技术、三维可视化技术、相干体及方差体断层解释技术来提高解释精度。并且在地震解释过程中由物探、地质、设计技术人员共同完成，地震资料和已知地质资料紧密结合，提高了解释精度，缩短了解释周期。同时，三维地震勘探地质成果的数字化技术得到了很大发展，利用计算机进行三维地震勘探报告编制，既提高了报告精度和质量，又利于动态分析和使用，实现了报告的标准化、数字化。通过三维地震勘探可以得到精细的构造解释及层位标定，标志着煤田地震勘探实现了第三次技术跨越。

目前，随着材料科学的发展，检波器的性能进步更快，性能越来越好，采集资料的品质不断提高，地震勘探从纵波勘探向多波勘探发展。随着计算机技术的发展，地震资料的处理能力和解释手段越来越多，有巨大计算量的叠前偏移技术也在逐步开展，三维可视化技术也不断更新，地震勘探迎来了一个难得的发展机遇。

二、地震勘探设备的现状

(一) 野外生产设备

当今煤炭地震勘探采用的仪器主要为法国公司和美国公司分别生产的 SN388、408UL、428XL 和 I/Osystem4 和 Image。这些仪器全部配备的是国产的 40Hz、60Hz 和 100Hz 模拟地震检波器，为压制干扰波，提高接收灵敏度，普遍采用各种图形的组合检波接收，每个地震道的地震检波器数量为 3～20 只。大部分煤田地震勘探队已经装备目前国际最先进的 428XL 遥测数字地震仪器。目前还在使用的仪器为纯 24 位地震仪器，如 Arise、408UL。

(二) 室内资料处理解释设备

地震资料处理解释室内设备主要用于处理的计算机系统。其已经从工作站单机版模式、服务器－用户终端模式、服务器－客户端网络模式，发展到多服务器的"服务器 - 客户端"网络模式。随着微机性价比的迅速提升，基于 Linux 系统的高配置微机工作站已经能够完全胜任地震解释的要求，从而出现了微机解释平台的 Linux 风暴。

近来，市场推出 Gpu/Cpu（Graphic processing unit/Central Processing Unit）协同并行计算技术装备，使得机群的运算能力呈直线数字级的提升，一套 6 个节点的 Gpu 系统的运算速度可达 20 多万亿次每秒浮点运算的能力，是过去不可想象的天文数字。三维地震资料叠前时间偏移处理技术研究成果得到普及推广。例如，以往 32 节点 pc-clater 机群，处理面积为 3km^2、CDP 面元为 10m×10m，24 次叠加，采样间隔 1ms，记录长度为 2s，进行叠前时间偏移至少需要 25h，而在 6 个节点的 Gpu/Cpu 协同并行机群运行只要 1.5h。这样的机群当然可进行精确速度模型的建立，以提高地震成像精度。

三、数据采集技术应用现状

当今的煤炭地震采集方法主要是三维地震，其次是二维地震。三维地震用于采区采前勘探和煤炭资源勘探的首采区或第一水平，二维地震则广泛用于煤炭资源勘探中的找煤、普查、详查和勘探阶段，不管是二维、三维，都普遍采用多次覆盖法。

二维地震激发的炮点和检波接收点在一条直线上，排列类型为端点放炮单边接收，或中点放炮两边接收，煤炭二维地震道距一般为 10~20m（煤层埋藏较浅地段道距为 5m），48~120 道接收，覆盖次数为 12~60 次。

三维地震观测中激发（炮点）点和地震检波器（接收点）在地面是按面分布布置的。在采用三维勘探时，所采集到的地震数据基本上由一个基本等距的地下数据点组成，每个数据点均为重叠接收。实际工作中应用三维系统时，是把勘探区分成几个或几十个条带，每个条带包括几个块段，依次对这些块段轮流进行勘探，块段与块段之间相互重叠搭接，因而可以采用"逐点爆炸"技术。

当今，煤炭系统采用的三维地震观测系统主要还是束状观测系统，其次还有砖墙式、块状、面元细元式和各种变观的特殊观测系统。观测系统的最大变化是普遍注意到因地制宜地采用宽方位角观测系统，以期获得更精确的地震成像资料。CDP 网格密度一般为 10m×10m、5m×10m，近来 5m×5m 高密度观测也在一些矿区得到实施。覆盖次数一般为 12~48m 次，个别高达 64 次。

煤炭地震采用的炸药量为 1~4kg，多数为 2kg。对于爆炸井深，平原区为 8~24m，山区则因地而异。震源以炸药激发为主，卵石戈壁成孔很难的地区普遍采用大吨位的可控震源，这种震源发出的频率可变的可控的正弦机械振动，其所获数据作互相关运算，即可获得脉冲式的地震记录。

西部复杂地表条件、变化剧烈的地形条件、恶劣的气候环境情况下，地震数据的采集能力明显提高，过去被视为地震工作的禁区，现在能得到品质较高的地震数据。黄土塬网状三维地震采集技术效果良好。东部勘探成熟区以及提高地震分辨率取得新进展。

四、资料处理技术应用现状

当今的煤炭地震数据处理主要是用法国的 Geocluster 地震处理软件，其次为美国的 Promax。这些软件大都安装在 32 节点的曙光计算机集群上运行或 SUN 工作站上运行。

法国的 Geocluster 处理系统常规处理软件在当今煤炭地震资料处理市

场中所占份额最大，在地震资料的保真、保幅处理能力方面属上游水平。软件系统中有特色的手段主要是高保真去噪技术、地表一致性处理技术、高密度高精度速度分析及各向异性处理技术、低信噪比资料处理技术、叠前插值及数据规则化处理技术等。在叠前时间偏移方面，提供了多种灵活准确的多种偏移速度分析方法、独特的构造速度分析方法。Geoclus-ter 地震处理软件包中设有叠前深度偏移模块，有三种不同的偏移算法，即全三维 kirchhoff 叠前时间偏移、单程波动方程叠前深度偏移、高斯射线束叠前深度偏移。

在地震资料处理方法中，已由常规的叠后偏移向叠前偏移发展，地震叠前偏移（时间域或深度域）处理已成为石油地震资料处理的必然要求，且已经开始在煤炭地震资料处理中得到应用。另外，多次波压制技术、低信噪比资料处理技术、地表层析静校正技术等应对复杂条件下地震资料处理的关键模块不断发展，服务于处理解释一体化的地震叠前 AVO 技术、叠后约束反演处理技术等也取得了明显的效果。

五、资料解释技术应用现状

目前，煤田地震资料解释是采用人机交互解释系统。该系统功能强、操作方便、灵活，给地震解释人员提供了一种快速度、高效率、高质量、全方位综合解释的强有力工具。利用工作站交互地震地质资料解释系统，在处理后的三维数据体上进行人机交互解释，可以将垂直剖面、水平切片和其他剖面结合在一起，更准确地认识地下地层三维构造，使解释结果更符合实际地质规律。

当今，煤炭二维、三维地震资料都采用人机联做的工作站进行解释。采用的地震解释软件主要为美国斯伦贝谢公司的 Geoframe，其次为 Landmark 地震解释软件，都是安装在各类 SUN 工作站上，也有微机版本，但其功能就稍差一些。

Geoframe 软件包是一个一体化综合地学平台。它集综合数据管理、测井资料处理解释、地震资料综合解释、地质综合研究以及工业图件编制等功能为一体，组成一个真正一体化的综合地学研究平台。基于这个平台，地学研究人员一方面可以对勘探开发生产过程中的各类综合数据进行管理，另一方面可以针对地质目标开展精细评价、构造描述、储层预测、地质研究、三维可视化研究以及油气藏的综合评价等工作。Geoframe 主要是为油气勘探开发服务的，其主要方面也适用于煤炭勘探开发。

地震资料解释技术中包括地震合成记录制作、2D/3D 地震剖面解释、速度模型及时深转换、层位自动追踪、解释数据管理、闭合差计算、三维可视化、解释成果管理以及解释模型管理、综合地质作图等功能，储层煤层预测中的地震属性分析（可提取 85 种属性）、地震属性聚类分析、储层属性计算预测、井间地层对比、岩性解释、平面等值图、地层剖面图、岩石物理属性计算等。

Landmark 公司的 Seiswoks 是专用于三维地震解释与分析领域的工业技术领导者。由于它既支持时间又支持深度域的地震解释，因此它能很容易地允许用户将三维工区与二维工区结合起来，并可合并多个三维工区，而无须进行数据的重新格式化与数据的重新加载。地震解释技术系列中主要包括地震合成记录精细标定技术、相干体分析技术、叠后目标处理技术、精细构造解释技术、测井岩石物理性质精细解释技术、多井综合分析对比技术、属性提取及波形分类技术、多属性分析技术、空间变速度建模技术、三维可视化体解释技术、分频（频谱分解）技术、工业标准制图技术等。

地震反演主要采用 Jason 综合反演软件，但至今未形成规模化工业应用能力。AVO（Amplitude variation with offset）研究刚开始起步，主要用 Hammson-Russell 反演软件。用 3D-move、3D-strees 软件预测煤层裂缝发育带及其方向，取得了初步成果。

六、地震勘探的应用条件

（一）反射波法

1. 反射波法的应用条件

（1）反射界面上、下岩层的波阻抗有明显不同，波阻抗差别越大，岩层分界面越光滑，反射强度越大。

（2）要求岩层倾角小于 50°，反射界面深度应大于 100m。

（3）低速带薄，没有高波速的屏蔽层（如厚层的石灰岩、岩浆岩和砾岩层等）。

（4）地形较平坦、环境安静等。

2. 解决的地质问题

（1）主要用于解决地质构造问题，如向斜、背斜、断层、角度不整合以及陷落柱等。目前，利用二维地震可以解决 10m 断距的小断层，利用高分辨的三维地震可以解决落差大于 5m 的小断层和直径大于 20m 的陷落柱，并能控制褶幅大于 5m 的褶曲或挠曲。

（2）能利用高分辨的反射地震剖面对薄煤层进行直接探测。由于煤质变化、煤层变薄或消失都会使煤层反射波变差或消失，所以可以此圈定煤层的变薄和消失段，并用钻井或测井加以检查和验证，这对煤炭储量计算和开采设计都十分有用。

（3）地震地层学解释以反射波法地震资料为基础，用沉积学与地层学的观点研究分析地震剖面上反射模式及几何外形，判定沉积岩的性质、划分对比地层、重建盆地的沉积历史并推断沉积环境、预测岩性、岩相。

（二）折射波法

1. 折射波法的应用条件

（1）折射界面下部岩层的波速显著大于上部岩层，折射界面的深度可由数米到 2000m。

（2）低速带薄，没有高波速的屏蔽层（如厚层的石灰岩、岩浆岩和砾岩层等）。

（3）地形较平坦、环境安静等。

折射波法主要用于掩盖地区的地质填图，划分具有明显波速差异的岩层，圈定含煤区边界，确定较大断层位置及研究浅部地质构造等。

2. 解决的地质问题

目前，我国煤炭三维地震勘探能够解决的地质问题及精度有以下方面。

（1）在断层控制方面，可查明落差大于或等于 5m 的小断层，平面摆动范围一般小于 30m，条件较好的测区可解释落差 3～5m 的小断层。

（2）能够严密控制并查明主要煤层的赋存形态，查明波幅大于或等于 5m 的褶曲，深误差一般不大于 1.5%。

（3）查明主要煤层的隐伏露头，位置误差一般不大于 30m；详细圈定原始沉积的及后期冲刷剥蚀形成的无煤带、煤层变薄区，确定可采煤层的厚度变化，圈定煤层分叉合并边界、主要煤层的风氧化带边界等。

（4）探明长轴直径大于或等于 30m 的陷落柱及发育形态。

（5）探明岩浆岩对煤层的影响范围，探查地下巷道分布情况，探明老窑、采空区分布情况，研究煤层顶底板及其岩石力学性质。

（6）严密控制并查明新生界的厚度。

七、煤田地震技术的应用分析

（一）查明煤层的形态

由于形成时间及形成因素的影响，大部分的煤层形态都是不同的。对煤层形态进行分类主要是依据可开采的面积除以不可开采面积的比值来确定的，可分为不规则状、层状、似层状、马尾状。这四种分类之中的煤矿都是可以采集的，只不过有些可开采的面积较小，不过并不影响开采和使用。煤田地震勘探技术是利用地震波来进行地形的探明。由于煤层的形态都比较明显，其中马尾状的地形是最有特点的。马尾状的煤层分布是由厚煤层分化而来的，煤层的厚度由深到浅，层状与似层状的煤层较好分辨，不规则状煤层的形状多种多样，不可开采的面积一般较多。因此利用煤田地震勘探技术进行煤层形态的勘探，能够避免对不规则煤层的开采，避免造成不必要的浪费。

（二）判断煤层厚度变化及特性

煤层的不同形状会导致煤层的可开采面积不同，不同的形状之中煤层的厚度也不一样。利用传统的煤田探测技术，煤层的厚度很难进行勘察，因此利用煤田地震勘探技术能够掌握到地下煤炭厚度的基本情况。煤层的厚度主要是指煤层最上面一层——机煤层顶板，与煤层最下面一层，即煤层底板之间的垂直距离。根据厚度将煤层进行分类，煤层可以分为巨厚煤层、厚煤层、薄煤层和中厚煤层，这些煤层的厚度都不相同，其中巨厚煤层是指 8m 以上的煤层，薄煤层是指 1.3m 以下的煤层。根据煤层厚度的不同，能够确定该区域的煤层是否值得开采、采用何种方式来进行开采，利用煤田地震勘探技术能够很好地探查到煤层的厚度变化和分布特性，从而提高开采的效率。

(三) 推动煤田地震勘探设备进步

煤田地震勘探设备从研发至今，被广泛地使用到煤田勘测之中，可以说是物尽其用，使用率非常高，除此之外，上文中也对目前的煤田地震勘探技术进行了分析，目前煤田地震勘探设备的应用现状非常好，并且还会在科技和经济的双重推动力下不断进步。就目前而言，煤田地震勘探设备的广泛使用是一种非常好的趋势，由于煤炭技术仍旧是我国未来二十年内使用的主要能源，因此煤田地震勘探设备仍旧会在煤矿探测领域之中不断地被应用，在这种情况之下，会刺激相关行业对煤田地震勘探技术不断地进行改进，推动煤田地震勘探设备的不断进步。

(四) 划定采空区与陷落柱

在煤矿开采的过程之中，划定陷落柱与采空区是十分必要的。陷落柱与采空区范围划定能够避免相关的工作人员出现危险。陷落柱主要是由地下水的流动和不断腐蚀所形成，经过流水的腐蚀，地下的空洞会由很小的一块变得越来越大，经过长年累月的积累，最终会导致上层形成塌陷。采空区是一种人为造成的空洞，由于煤矿采集过多而形成，这两种空缺都很有可能会由于受到外界的某些刺激而形成塌陷，许多矿洞内的事故就是这么发生的，因此将煤田地震勘探应用到划定采空区与陷落柱之中，将地下的空洞划出来，从而避免一些不必要事故的发生，保证相关工作人员的生命安全，提高工作效率，减少不必要的问题。

(五) 对周围地形及断层进行分析

煤矿的开采受到多种因素的制约，其中影响最大的一种因素就是周围地形的影响，因为有些煤矿在形成时，可能受到当时气候或环境的影响，随着地形的变换，沧海桑田，煤矿处在一个较为复杂的环境之中，复杂的环境对于煤矿的开采或是勘探来说都是非常不利的。复杂的环境意味着增大了对煤矿探测的难度，而利用传统的勘探方式很难在复杂的地形之中完成勘探，因此，煤田地震勘探技术能够很好地弥补这一处的不足，利用地震波将周围的环境进行勘探，帮助相关的工作人员能够作出预判，选用不同的煤炭开采方式来应对不同的地形。除此之外，在几万年的地质形成过程之中，许多地方还存有断层。断层的形成因素比较复杂，但是在煤炭开采过程之中，地形与地质一直是一个不能够进行规避的问题，由于煤矿的形成十分复杂，因此煤矿存在于地下，煤矿的开采必须要面对断层等复杂的地质问题，利用地震波对断层进行分析，避免在煤炭开采过程之中可能会出现一些危险的问题，因此在这种情况之下就需要相关的工作人员对地质断层等地形因素有一定的了解，在进行区域的划定时，能够避开断层，保证开矿人员的生命安全。

八、煤炭地震勘探技术标准要求与规范

目前，采用的煤炭地震勘探规范与技术标准为《煤炭煤层气地震勘探规范》（MT/T 897—2000）、《地震勘探爆炸安全规程》（GB 12950—91）。

《煤炭煤层气地震勘探规范》（MT/T 897—2000）由原国家煤炭工业局发布，中国煤炭地质总局起草煤炭行业标准，主要基于煤炭行业地震勘探实际经验，参考原煤炭工业部的相关规定，经过反复征求意见、讨论和修改而形成的煤炭行业标准，该标准规定了煤炭、煤层（成）气地震勘探工作程序，地质任务和工程设计，地震资料采集、处理与解释，成果报告的编写，质量检验等工作的技术要求。本标准适用于煤炭、煤层（成）气各个勘探阶段和矿井基本建设、生产中的地震勘探，也适用于煤矿床水和煤矿灾害地质地震勘探。

《地震勘探爆炸安全规程》（GB 12950—91）由原地质矿产部石油地质海洋地质局起草国家标准，由全国地质矿产标准技术委员会物化探分技术委员会提出。

现行煤炭地震勘探规范与技术标准随着技术的进步已经不适合当前煤炭地震技术的要求，一定程度上制约了该项技术的进步，《煤炭煤层气地震勘探规范》（MT/T 897—2000）修订工作已完成。《地震勘探爆炸安全规程》（CB 12950—91）修订工作也迫在眉睫，规范尚待改进部分内容和建议如下。

（一）煤炭煤层气地震勘探规范（MT/T 897—2000）规范尚待改进的内容和建议

（1）由于地震装备技术的不断进步，规范中提及的地震装备大部分已淘汰，而目前采用的新设备在规范中未涉及。因此，规范难以涉及目前采用的

所有地震装备及满足发展需要，在下一步规范修订时应删除具体仪器型号和生产厂商的规定，而保留和完善仪器装备精度指标要求和检验要求。

（2）煤炭地震勘探工作三维地震占据越来越大的比例，而现行规范三维地震勘探的内容显得不够完善，如三维地震对陷落柱、冲刷区等其他地质现象的控制精度要求，三维地震观测系统设计技术要求，三维地震试验要求等。

（3）一些地震勘探新技术（如叠前偏移技术、属性体解释技术、高密度地震技术等）现行规范涵盖得不够全面，不利于技术的发展与进步。

（4）随着地质勘查精度要求的提高，对地震工作质量要求需要进一步加强，如原要求的地震时间剖面Ⅰ＋Ⅱ类比例不低于80%，在勘探阶段和三维地震勘探时显得偏低。

（5）随着地震装备的更新，地震工程量的计算方法也需要作出相应的调整，原计价物理点的计算公式有待于进一步研究和论证。

（二）地震勘探爆炸安全规程（GB12950—91）规范尚待改进的内容和建议

截至2023年，该规程已经发布了30多年，国家技术监督局、国家质量监督检疫局没有对《地震勘探爆炸安全规程》（GB12950—91）进行修订，从而导致该规程不能满足复杂地形条件下地震勘探爆炸安全生产的需要，存在以下七个方面的缺陷。

（1）没有建立爆炸物品使用目录。《地震勘探爆炸安全规程》（GB12950—91）2.1条规定，本规程所称的爆炸物品是指地震勘探队所使用的，经国家批准和符合安全标准的各类炸药、雷管导爆索等。但是对地震爆炸物品的安全技术性能参数没有作出完整的表述，没有建立地震勘探爆炸物品使用目录。按理说，对地震爆炸物品使用的要求应该由《煤炭煤层气地震勘探规范》（MT/T897—2000）作出具体规定，但是其只是规定"使用炸药震源时，应执行GB12950中的规定"。

（2）对地震勘探爆炸的起爆方式没有具体的规定。工程爆破一般采用反向、中向或反向、中向混合式起爆，使炸药能量向工程设计预想的方向运移。地震勘探应该采用何种方式起爆，规程没有具体的规定。

（3）炮井距边坡的安全距离。根据自由面对爆破效果的影响，当炮井设计位置位于坎边、陡崖边时，如果不采取偏移措施，炸药在井中爆炸后，其能量是向着坎边或陡崖边释放，导致炮轰波最先在坎边或陡崖边一方突破，将岩石破碎甚至抛掷出去，危及炮点附近人员的人身安全。但是《地震勘探爆炸安全规程》和地震勘探规范没有对以上关键因素进行明确规定。

（4）炮井是否堵塞没有规定。放炮之前，对炮井是否堵塞没有规定。

（5）组合爆炸时雷管应串联还是并联。关于进行组合爆炸时雷管是串联还是并联，《地震勘探爆炸安全规程》(GB 12950—91) 没有明确的规定。《煤炭煤层气地震勘探规范》(MT/T 897—2000) 5.3.2.3 条 c 款作出明确规定：组合爆炸时雷管应串联。其实，关于进行组合爆炸时雷管是串联还是并联，并不影响组合爆炸地震勘探效果，其实质在于雷管串联便于检查每个井中炸药雷管通路情况，对雷管通路有问题的炮井及时采取补救措施。

（6）对炮井安全深度没有界定。在地震勘探爆炸过程中，炮井深度究竟达到多少米，起爆时才能保证炮点附近作业人员的安全。《地震勘探爆炸安全规程》(GB 12950—91) 对炮井深度没有量化的数据，只对炮点的危险区域作了明确规定。裸露爆炸，1kg 炸药，其危险距离为 60m；井中爆炸，一般离井口的最小距离不得小于 30m。

（7）爆时没有考虑爆炸机故障和操作员失误因素。《地震勘探爆炸安全规程》(CB 12950—91) 对安全起爆共制定了 13 条安全操作措施，但是对爆炸机故障、操作员失误引起的早爆没有制定相应的安全防范措施，没有实现人、机失误、故障保障安全的功能。

鉴于《地震勘探爆炸安全规程》(CB 12950—91) 存在上述七个方面的缺陷，论证地震勘探爆炸安全生产技术条件已成为地震勘探行业刻不容缓的问题。

第二节　煤田地震勘探新技术概述

一、高密度地震采集技术

地震采集就是根据设计的地震观测系统，进行地震信号的激发与接收的野外工作。根据目前已有的认识，高密度采集的定义是用道密度来衡量的，道密度 = 面元 /km× 覆盖次数。对于高密度采集的道密度判别表征，目前还没有统一的认识。比如，在石油领域，中国石油集团东方地球物理勘探有限公司认为道密度应该是常规三维地震勘探的 4 倍以上，而国外的地球物理勘探公司（如 PGS 公司、CGG 公司和 WEI 公司）则认为道密度较以前普遍提高 2~4 倍。以此为标准，在煤田领域，一般采集采用 10m×10m 的 CDP 网格，12 次覆盖的三维观测系统，道密度 =100×100×12=12×10000 道 /km²；在油田领域，常见采集面元为 25m×100m，覆盖次数为 20 次，道密度 =40×10×20=0.8×10000 道 /km²。煤田采集技术与油田采集技术相比，明显属于高密度地震采集技术。目前，煤田地震采集技术进一步发展，比如，在淮南张集东一下、东二采区进行的常规采集，采用 10m×10m 的 CDP 网格，12 次覆盖的三维观测系统；在此矿区新开展的采集工作采用 5m×5m 的 CDP 网格，叠加次数为 36 次，道密度 =200×200×36=144×100000 道 /km²，是常规采集道密度的 12 倍，达到了高密度采集的要求。因此，煤田的地震采集技术相对于油田的采集技术，都属于高密度采集。

高密度三维地震数据具有空间上的高密度采样、均匀的宽方位和炮检距，在采集、处理阶段很容易接收并保护宽频数据，实现高信噪比、高分辨率、高保真度。总结起来，高密度三维地震采集的技术优势主要体现在以下三个方面。

（1）实现宽（全）方位三维地震采集。高密度三维地震的接收道数一般是常规三维地震的 4~10 倍，这样就能够采集到来自四面八方的地震信息，实现宽（全）方位三维地震采集，有利于提高成像质量和进行与各向异性有关的地质解释，充分发挥三维地震勘探的优势。

（2）提高空间采样间隔密度，从而提高横向分辨率。高密度三维地震采集提高了空间采样间隔密度，即采用小网格采集，提高了横向分辨率。煤炭三维地震勘探高密度采集的网格或横向采样间隔应根据目标地质体的大小、地层倾角及横向分辨率综合确定，并且要立足于煤层底板反射波来计算和选择，要立足于满足构造解释与识别来选择。在设计高密度采集观测系统时要统筹考虑以下几个因素：一是目标地质体的大小尺度，二是针对倾斜层的最高无混叠频率，三是横向分辨率。既要考虑地质体的清晰可视及可检测性，又要考虑实际的成本，做到既经济又可行。

（3）提高叠加次数，提高资料信噪比，特别是能够提高构造点清晰度和断陷点绕射波能量，进而提高小构造识别能力。

二、高分辨率地震数据处理技术

由于煤田开采安全性的要求，地震资料的成像要求就是高分辨率。与油田的深部地震勘探对比，煤田的勘探深度一般为 300～1000m，并且煤层与围岩的波阻抗差异较大，反射波质量好，因此煤田三维地震资料具有较高的信噪比，为后续处理奠定天然的基础。

地震资料在采集过程中经常会受到无规则干扰波（如风吹），或者规则干扰波（如直达波，折射波，多次波等），这些波对有效波形成较大的干扰，需要根据噪声与有效信号的区别进行消除，比如，采用小波 f-x 域去除随机噪声和面波，在方程域去除多次波。

煤层的埋藏较浅，在地表起伏地区，地震波传播发生剧烈变化，对高分辨处理的影响较大。常规采用折射静校正技术消除，该方法无法准确获取地表及近地表的速度－深度数据，目前，表层模型层析反演技术在采区地震数据处理中已经逐步推广使用，该方法利用地震初至时间反映出地表及近地表的速度纵横向变化规律，静校正效果好。

煤系地层中发育有多层煤层，薄厚不一，通过拓宽地震波频谱，能有效提高对薄煤层的勘探能力，地震资料中反褶积处理是其中的重要措施之一。反褶积方法具有多种假设，需要根据假设条件与实际地震地质条件结合，才能取得较好的效果。目前，多个地区实践表明，地表一致性反褶积和预测反褶积相比，后者具有较好的效果，最近几年，瞬时混合盲反褶积在解决地震盲反褶积问题上，表现出较好的应用前景。

由于煤系地层受到构造作用，地层速度不仅在横向上变化，而且在纵向上也表现出构造控制作用，尤其在构造复杂区域更为明显。传统的地震偏移方法，比如正常时差校正或者倾角时差校正，在地层水平、构造简单区域见到了很好的效果。随着煤炭开采走向深部、复杂地质构造区域，传统偏移方法的共反射点道集失真，采用叠前偏移的方法才能取得较好的结果，经过最近几年的研究，煤田采区三维地震已经大部分采用叠前时间偏移技术，在局部地区还探索了叠前深度偏移技术。

（一）煤层资料处理中的振幅补偿技术

煤层与其他岩性接触的界面，其反射系数较大，因此含煤组合的投射损失非常明显，特别是煤层中槽波的影响作用，使煤层对下伏地层产生了"屏蔽"作用，位于煤层下部的地层其反射波振幅很弱，连续性也较差，影响了解释精度。

为解决这一问题，中石化石油勘探开发研究院（北京）设计了一种能量补偿方法，用来改善煤层附近地层的成像质量。该方法首先是根据测井资料识别并刻画出煤层及其相关特征，然后进行针对煤层的反演，并结合测井资料建立准确的煤层模型。煤层模型建立后，根据测井曲线所展示的特征，以煤层为基本能量来设计能量补偿曲线，进一步建立能量补偿模型。在所建立的能量补偿模型的基础上，根据地震波运动学理论，建立针对共深度点道集的实用能量补偿模型，实现对因煤层影响而损失的能量进行补偿。从实际应用获得的地震时间剖面看，在用该方法补偿前，煤层附近反射能量很弱，甚至出现空白带现象。经过补偿处理后，煤层的特点依然保留，但煤层附近地层的反射能量得到了恢复。

（二）层析静校正技术

从20世纪90年代中期以来，绿山折射静校正一直是山区、丘陵区、黄土源区等复杂地表区的主要静校正方法。绿山折射静校正能够较好地解决短波长静校问题，实现反射波同相叠加，提高成像质量。但在高差较大的山区，既有基岩出露区，又有黄土覆盖区和坡积物区，没有统一的折射界面，即使在地表较平坦的地区，当低速带横向变化剧烈、表层结构复杂时，绿山折射静校正难以解决长波长的静校正量问题。

近年来，中石化石油勘探开发研究院南京石油物探研究所、中国石油集团东方地球物理勘探有限公司、美国绿山地球物理公司都相继开发和实际应用了层析成像静校正技术。层析成像法的基本原理是假定地下介质由一些速度单元构成，每个单元中速度为常数。给定一个初始速度模型和观测系统，正演模型计算出初至波旅行时，将它与实际旅行时比较，其差值用以修正速度模型。模型修正后再计算初至波旅行时，这样就构成一个迭代过程。当正演模型的旅行时与实测旅行时之差值满足给定的精度时，就得到最终的速度分布，然后再用获得的表层速度模型进行静校正。

(三) 三维叠前时间偏移技术

三维叠前时间偏移是在经过动校正的共偏移距道集资料的基础上进行的，即将多次覆盖中不同偏移距的地震反射波通过坐标变换及相应的波动方程法外推波场，使之一次偏移到它们各自的反射点上，然后进行叠加，即得最终偏移结果。该方法不仅可以实现真正的共反射点叠加，也能正确地反映反射点的真实位置，提高构造复杂地区地震剖面的分辨能力。

三维叠前时间偏移是复杂构造成像的重要手段。目前，生产中普遍采用 Kirchhoff 叠前时间偏移。Kirchhoff 叠前时间偏移方法的优势在于其对野外数据采集方式的适应性较好，计算速度快，实现方法简单，非常适于进行倾角地层的速度分析。

Kirchhoff 积分法波动方程偏移建立在波动方程 Kirchhoff 积分解的基础上，把 Kirchhoff 积分中的格林函数用它的高频近似解（即射线理论解）来代替。其基本过程包括从震源和接收点同时向成像点进行射线追踪或波前计算，然后按照相应走时从地震记录中拾取子波并进行叠加。如果所有的路径计算得到的走时都正确，那么对应的所有记录数据的叠加结果会在某些部位产生极大值，这些极大值就给出了反射体的位置。

1. 三维叠前时间偏移技术的优点

（1）三维叠前时间偏移技术对于解决陡倾角情况下地震成像问题具有良好的效果。

（2）三维叠前时间偏移是叠前全偏移，具有振幅保持特性好，各向异性适应好的特点。

（3）三维叠前时间偏移得出的三维成像数据体可作为三维零偏移距振幅反演的输入，来估算地下介质的波阻抗模型。

（4）三维叠前时间偏移的共反射点（Common Reflection Point, CRP）道集可以用来进行叠前振幅反演，得出振幅随偏移距的变化（Amplitude Versus Offset, AVO）属性。

（5）三维叠前时间偏移所得到的三维均方根速度场，通过 Dix 公式变换能够转换为层速度场来指导时深转换。

2. 三维叠前时间偏移技术的适用条件

叠前时间偏移处理技术适用于陡倾角、地质构造复杂区和速度场横向变化幅度不大的条件下，具有良好的效果。

3. 三维叠前时间偏移技术的要求

（1）数据的要求高。叠前时间偏移是在叠前道集上实现地震数据的偏移成像，因此对原始地震数据要求较高。有些要求虽然可以通过处理手段得到（部分）满足，但归根结底，叠前偏移对数据的要求主要应该在采集过程中就得到保障。

（2）软硬件要求。叠前时间偏移运算量巨大，如某地震数据体满覆盖面积为 3km²、覆盖次数为 24 次、采样间隔 1ms、记录长度为 1.5s、成像输出面元为 5m×10m，用主频为 2.4GHz 的计算机进行偏移处理，叠后时间偏移只需 1 个 CPU 工作 3.2h 即可完成，而叠前时间偏移用 12 个 CPU 的微机集群需要 25.3h 才能完成，所需时间是叠后时间偏移的 94.87 倍。因此，叠前时间偏移处理除要求软件系统具有便利的偏移速度交互分析功能、大容量数据处理能力、高速并行处理能力、充分利用内存资源能力、实时作业监控功能等外，还要求硬件价格便宜、计算速度快且效率高、采用分布式并行运算系统以及可支持并行机软件和硬件外设等，目前微机集群具有这些优点，因此成为叠前时间偏移处理的首选机型。

（四）波阻抗反演技术

波阻抗反演技术是岩性地震勘探的重要手段之一，根据钻孔测井数据纵向分辨率很高的有利条件，对井旁地震资料进行约束反演，并在此基础上对孔间地震资料进行反演，推断煤系地层岩性在平面上的变化情况，这样就把具有高纵向分辨率的已知测井资料与连续观测的地震资料联系起来，实现优势互补，大大提高了煤田三维地震资料的纵、横向分辨率和对地下地质情况的勘探研究程度。

三、三维可视化地震解释技术

(一) 属性体解释技术

煤层地震波中含有大量地震信息，无论是构造变化、煤层结构变化或岩性变化都会引起它们的变化。煤层的构造、结构或岩性变化主要反映在密度、速度及其他弹性参量的差异上，这些差异导致了地震波在传播时间、振幅、相位、频率等方面的变化或异常。但是，对于煤层中的小构造异常、结构和岩性变化，用常规的人工识别方法往往是无能为力的。

地震属性是指从叠前和叠后地震数据中提取出来的运动学、动力学和统计学地震特殊测量值。地震属性技术指提取、显示、分析和评价地震属性的技术。在煤田地震勘探中，可以利用地震属性的变化区分构造，进行煤层结构和岩性解释。

地震属性的分类没有统一的标准，不同的学者分别提出过不同的属性分类。结合煤田地震勘探的特点，可以根据运动学/动力学特征把地震属性分成八个类别：时间、振幅、频率、相位、波形、相关、吸收衰减、速度。地震属性的类型很多，要根据解决的地质问题来选择相应的地震属性。

1. 方差属性

方差体技术的核心就是求取整个三维数据体所有样点的方差值。其步骤是：首先求每个样点的方差值，即通过该点与周围相邻地震道的时窗内所有样点计算出来的平均主值之间的方差，然后再加权归一化即可得到要求取的值。方差体的计算结果即是求取加权移动的方差值，在所感兴趣的区域内计算出每个时间或深度样点的方差。

三维方差体技术能够对三维地震地质信息自动拾取，是识别断层、陷落柱等构造和地层不连续变化现象的卓有成效的一种技术。因此，利用方差体属性可以准确解释含煤地层中落差更小的断层或发育较小的陷落柱。方差体技术能够清晰准确地展示出构造分布形态，方差体目的层沿层切片能够随时监控解释结果的正确性，及时纠正解释过程中可能出现的错误。

2. 振幅属性

经与常规方法解释的成果对比，一些规模较小的陷落柱和小断层在振幅属性图中得到显示。

3. 谱分解属性

谱分解技术是通过短时窗离散傅里叶变换将地震资料从时间域转换到频率域，得到振幅谱及相位谱调谐数据体的一项处理技术。它使地震解释可得到高于常规地震主频所对应的 1/4 波长的时间分辨率结果，即经过分频处理后的地震数据，其解释分辨率高于常规地震主频所能达到的分辨能力。鉴于断层、陷落柱等构造对相位的稳定性影响比较大，因此可用相位调谐体的频率切片识别构造。因为断层、陷落柱等构造及附近相位谱变得很不稳定，而在远离构造的位置相位谱表现得比较稳定或呈渐变特征，故应用相位调谐体频率切片比。传统的相位属性能更加准确地识别和解释构造。

在应用谱分解处理的相位数据体及振幅数据体中，低频率切片反映断距相对较大的构造，而高频率切片主要反映断距相对较小的构造。遵循由低频到高频，先相位后振幅，与相干体结合的解释思路，应用中低频切片解释主干构造，在此基础上应用中高频切片识别解释小构造。

（二）全三维解释技术

1. 垂直时间剖面的解释

三维地震解释首先是按一定空间间隔（一般由粗到细）对垂直时间剖面进行解释。垂直时间剖面可以对煤层反射波进行追踪，对褶曲、断层、挠曲、陷落柱、煤层冲刷区等构造现象进行解释。

垂直时间剖面的解释有一定的技巧，主要是剖面的显示要突出地震波振幅和波形的变化，因此宜采用颜色剖面。与变面积剖面相比，颜色剖面具有如下优点：①波峰与波谷对解释人员的影响相同，避免了解释人员只注意波峰的偏见。②根据振幅的变化，反射波同相轴颜色发生变化，避免了变面积剖面波峰饱和的缺陷，使解释人员能够注意到振幅相对级别，因为有些地层（煤层）信息是由沿着各反射振幅的侧向变化暗示的。③有意义的波谷能够清晰地显示出来（孙升林等，2013b）。

2. 水平时间切片的解释

水平时间切片有更高的分辨率。水平切片对小构造的显示有放大功能，地层倾角 10° 时可放大 6 倍以上。另外，水平时间切片可以显示构造（煤层）

异常的空间范围，使解释人员能够观测到特征形状。

3. 沿层切片的解释

沿层切片对研究层位（煤层）的特征和构造空间展布形态具有重要的价值，其实用性和精度取决于煤层和构造的解释精度。其解释步骤是：①确定所追踪的层位。②全面追踪它们。③进行质量检查。④研究振幅或其他特征在平面上变化的意义。

4. 剖面、切片联合解释

通过时间剖面和切片联合解释，既可以验证层位和构造解释的正确性，又可以研究异常构造空间的展布特征。

（三）地震精细解释技术

常规的煤田三维地震解释以时间域运动学信息为主，适用于地质条件不太复杂的情况。如果把这种方法应用于复杂的地下地质构造，则会因为信息量小而降低解释的精度和可靠性。多信息、多学科相融合，即地震运动学和动力学相结合，地震与地质、测井多学科相结合，时间域和深度域相结合的综合解释技术是提高复杂地质条件解释精度的重要手段。地震属性技术、三维可视化技术、测井约束地震反演技术和基于空变速度场的时深转换技术是三维地震综合解释的关键技术。以淮南煤田为例，利用全三维可视化技术探测出煤层内的旋扭构造和新构造运动，利用地震属性中的运动学和动力学特征探测出煤系地层中的陷落柱，通过测井约束地震反演方法和基于空变速度场的时深转换技术实现煤系地层及煤层结构的空间预测，通过叠前 AVO 反演技术预测瓦斯富集区，这些复杂地质构造的发现以及煤层的空间预测结果对于重新评价煤田开采条件和储量具有重要意义。这项综合解释技术通过利用各种地质信息，有效地降低了复杂地质条件下的勘探成本，因此将成为今后解决煤田复杂构造和岩性勘探的主要手段。

（1）利用垂直地震剖面（Vertical Seismic Profiling，VSP）进行层位标定：常规纵波资料的层位标定一般比较容易，在地质复杂区域，存在较大的难度；对于转换波资料，采用纵波和转换波剖面的构造对比方法，或者拟合横波曲线进行转换波层位标定，标定存在较大的误差。采用 VSP 测井的桥式连接方式，可以很好地标定地质层位与纵横波数据上的对应关系。

（2）地震多属性解释：常规的地震资料解释主要是利用单属性。随着计算机技术的发展，目前多种属性叠合显示已经成熟，并在地震解释软件得到了广泛实现，通过已知构造等地质信息优选出勘探区内的多个敏感地震属性，利用多属性叠合显示方式，能快速有效地确定地质异常的分布。

（3）三维三分量数据预测裂隙发育区利用转换波地震数据圈定裂隙发育区域的主要参数是快慢波时差和振幅比。需要综合这两个参数的原因是，当裂隙密度较大时，快慢波的到时差是检测裂隙密度大小的最明显标志（时差愈大表明裂隙密度愈大，反之则小），而当裂隙密度较小，以至不能读出时差时，则横向分量振幅成为重要线索（振幅愈小，表明裂隙密度愈小，反之愈大）。通过转换波数据处理后，获得四个数据体，分别是快波数据体、慢波数据体，横波径向分量和横向分量。分别在每一个数据体上解释出目的层反射波，快波数据体目的层反射波与慢波数据体目的层反射时间之差称为快慢波时差，一般裂隙密度越大，时差越大。淮南地区的分析表明，快慢时差最大可以达到16ms。横波径向分量与横向分量之比称为振幅比，比值越大，表明裂隙越发育。

第三节　新技术在煤田地质勘探中的应用实例

一、高密度三维地震技术在煤炭地质勘探中的应用实例

高密度三维地震是近几年来发展的一项新技术，在煤矿采区应用还比较少，只是在安徽淮南煤田进行了研究和生产工作。高密度三维地震采集技术与常规三维地震技术相比，具有高覆盖次数、小空间采样间隔、宽（全）方位角、均匀的炮检距道集等特点。因而，其对小构造有更强的检测能力。

高密度精细三维地震勘探成果在淮南煤田丁集矿1262（1）、1252（1）、1422（1）工作面已取得验证资料，3个工作面实际揭露的大于2米的断点14个，勘探成果发现12条，验证率达85.71%，遗漏2个点（占14.28%）。由此可见高密度采集、提高分辨率处理的三维地震数据加上地震多属性分析可以有效地识别、解释工区内断距大于2m的小断层。

二、复杂山地三维地震勘探

在复杂山地，地形高差变化大，表层纵向和横向岩性、速度及厚度变化大。这种恶劣的地表地形条件导致地震勘探的难度急剧增加，原始资料上浅层折射、面波、侧面干扰及次生干扰发育，静校正问题突出。煤炭三维地震在复杂山区首要解决好静校正问题和噪音剔除工作。

三、黄土塬三维地震勘探

黄土塬地区，黄土厚度一般为几十米至二三百米，经过长期的风蚀和雨水冲刷切割，地形起伏变化较大，形成了形态各异的梁、昴、坡、沟、川等地貌景观，塬上农田、经济林、村庄等人类活动密集，给地震勘探工作带来了很大的困难。首先是巨厚、松散干燥的黄土层激发、接收条件差，对地震波的吸收作用强烈，极易产生面波等多种线性规则干扰和次生干扰；黄土厚度变化剧烈，地形起伏较大，表层调查极其困难，表层静校正资料获取困难；表层结构复杂多变，原始记录上中、深层反射能量弱、信噪比低；沟壑纵横、地形复杂，各种施工设备进入现场均需人工搬运，勘探成本高、施工效率低。针对黄土塬区地震勘探的难点，近年来各地通过多次试验研究，采取大炸药量组合激发、多检波器组合接收、大排列增加接收窗口、利用回折波层析反演静校正、叠前叠后联合去噪等采集处理技术，在黄土塬区的二维、三维地震勘探取得了比较理想的成果，为黄土塬区煤矿的高产高效、安全生产提供了一种地质构造高精度勘查的手段。

第四节　煤田地震勘探技术的发展趋势

煤炭是我国的基础能源，在能源构成中一直占 70% 左右。煤炭地质勘查是煤炭工业的基础和前提，承担着为煤炭工业可持续发展提供充分资源保障和为煤炭安全高效开发提供可靠地质保障的两大基本任务。由于我国中东部是经过数十年勘查开发，露天和浅部煤炭资源基本上均已动用，煤炭地质勘查工作重点由暴露型煤田和浅部煤田转向掩盖式煤田和深部煤田，相应的勘查技术手段也从单一的钻探工程转向物探和钻探相结合的综合勘查方法。由于上述地区煤系赋存条件的复杂性和已有信息的有限性，造成找煤难度大、勘查精度低、开采地质条件复杂。同时，高度发展的机械化采煤对精细地质勘探的要求进一步提高，从而推动煤田地震勘探技术的发展。煤田地震勘探技术的发展趋势有以下几点。

一、仪器设备的数字化

地震勘探的发展史近60年，地震仪器经历了光点仪、模拟仪和数字地震仪三个发展阶段。法国的 SN-388 和 408UL 数字地震仪、德国的 SUM-MIT 及美国的 BOX 多道遥测地震仪以及配套的数字检波器和智能三分量检波器，SUN 和 IBM（International Business Machines）等数字工作站均在煤炭系统使用。相配套的数字处理软件包悬挂缩进，如法国的 CCG 和美国西方等地球物理公司的系列产品、美国的 GEOFRAME 和 LANDMARK 系列数字解释软件包都为煤炭系统三维地震勘探的发展奠定了基础。

二、开展全波三维地震勘探

地震勘探的方法从纵波勘探，横波勘探，纵、横波联合勘探，多波多分量勘探转向多分量转换波勘探，从单一化的波源到多波及转换波的勘探，根据不同反射波的波场信息充分地认识地下地层的地质结构及其岩性参数特征。纵波或横波反射法地震勘探是建立在地下均匀各向同性半无限弹性空间的理论基础之上。实际上，地下介质是不均匀的、各性异性的、非完全弹性的。这种不均匀性和各性异性所造成的各种复杂反射、绕射和散射现象，用单分量地震勘探很难分析。所以分别用纵波和横波（沿测线方向偏振和垂直测线方向偏振）的震源激发，用三分量（1 个垂直分量和 2 个水平分量）检波器接收，得到 9 个分量的全波地震记录。可以利用纵横波速度比、传播时间比、振幅比、泊松比等来研究岩石孔隙度的变化等，也可以利用横波分裂现象研究介质的各向异性，使地震勘探由构造勘探阶段过渡到岩性勘探阶段，全三维地描述地球内部的地层地质赋存结构及岩性参数，为矿井高产、高效提供可靠的地质保障。

三、提高山区构造勘探精度及近距离煤层群的分辨率

今后的工作目标是查明落差 3m 以上的小断层，探测长轴直径大于 10m 的陷落柱，平面摆动误差小于 15m，把山区煤层深度及断层的准确率提高到 90% 以上。精确控制岩浆岩侵入、老窑采空区、古河床等对煤层的影响范围。精确控制煤层沉积、冲刷缺失变薄区，提高 10～15m 近距离煤层群的分辨率，提高山区、湖区、沙漠、卵砾石分布区等复杂地震地质条件地区的煤炭地震勘探的精度。

四、进行岩性分析解释

查明煤层宏观结构的变化及山区煤层厚度变化，对煤矸石的研究由定性转入定量，为煤成气的赋存及开采提供必要的信息。探测并分析煤层顶底板岩性，确定新生界底部含、隔水层，为煤矿合理预留防水煤柱，有效提高采煤上限。精确探测煤系底部的碳酸岩界面，划分岩溶裂隙发育带、富水带，解放下组煤层开采，确定煤系地层中薄层灰岩及其富水性。

五、我国勘探技术发展前景

我国煤炭地震勘探技术的发展趋势是向着高精度、高分辨率和高效率的方向发展，主要表现在以下几个方面

1. 高密度三维地震采集技术：随着探测技术的不断发展，高密度三维地震采集技术已经成为煤炭地震勘探的重要手段。这种技术可以获取更加丰富的地震数据，提高地震资料的覆盖率和分辨率，为后续的地震资料处理和解释提供更加准确和可靠的数据基础。

2. 反演为代表的岩性勘探技术：传统的地震勘探主要关注的是确定地层的深度和厚度，而对于地层的岩性和物性等信息关注较少。随着反演技术的发展，地震勘探已经可以获取更加丰富的地层岩性和物性信息，为煤炭资源的开发提供更加全面的地质资料。

3. 煤层（成）气地震勘探技术：煤层气作为一种清洁能源，其开发利用已经成为我国能源战略的重要方向之一。煤层（成）气地震勘探技术是针对煤层气的地震勘探技术，可以通过地震资料获取煤层气的分布和储量等信

息，为煤层气的开发提供重要的技术支持。

　　总之，我国煤炭地震勘探技术的发展趋势是不断创新和提高，通过引入新的技术和方法，提高地震勘探的精度和效率，为煤炭工业的发展做出更大的贡献。

第四章　煤田电法勘探技术

第一节　煤田电法勘探概述

一、电法勘探基本原理

电法勘探是勘探地球物理学中的主要学科之一，是电学（电磁学和电化学）领域中的一门应用学科。电法勘探（简称电法）是利用地壳中多种岩石、矿石间电学性质之差异来勘探地质目标的。它是基于观测和研究电磁场（天然存在的或人工形成的）空间和时间分布规律，来勘查地质构造和寻找有用矿产。

在电法勘探中，目前利用的岩石和矿石的电学性质或物理参数主要有四种，即电阻率、磁导率、极化特性（人工体极化率和面极化系数与自然极化的电位跃变）以及介电常数。电法勘探的找矿原理是基于不同岩石和矿石的电学性质（一种或数种）的改变均能引起电磁场（人工的和天然的）空间分布状态的相应变化。一般地，岩矿的电学参数值改变得越明显，则岩矿内外或空间中电磁场的相应变化也越强烈。因此，人们便可根据这种相应的规律在探查区域内（地下坑道或井中，地表面上或空间中）利用不同性能的仪器通过对电磁场的空间分布和时间分布状态的观测与分析研究，寻找矿产资源或查明地质目标在地壳中的存在状态（形状、大小、产状和埋藏深度）以及电学参数值的大小，从而实现电法勘探的地质目的。

电法勘探适用的范围相当广泛，已被应用于地质普查和勘探的各个阶段，它既可以用来寻找金属与非金属矿床、解决水文地质与工程地质问题，又可以研究石油的构造和煤田构造等地质问题。

二、电法勘探的分类

一般而言，电法勘探较其他物探方法具有利用物性参数多，场源、装置形式多，观测内容或测量要素多和应用范围广等特点。按场源形式、观测要素、工作方式及地质目标等方面的不同，电法本身又派生出许多不同的分支方法。所以，为实现不同探测目标，适应多种矿产地质条件，致使电法勘探在多年的生产实践中发展出许多分支或变种方法。目前，在实际工作中得到应用的已有20余种，处于研究阶段的也还有许多种。电法方法分支很多，但有些方法很类似，为了学习和研究方便，常将在某些方面具有一定相似性的分支方法归为一类。一般有以下几种分类方案。

(一) 按观测场所不同分类

分为航空电法、地面电法、海洋 (或水上) 电法和地下 (包括矿井、坑道和钻孔中) 电法。这种分类在考虑工作阶段 (普查或勘探)、技术方法以及仪器设备等问题时，便于充分注意不同场所的特点。

(二) 按勘探地质分类

分为金属与非金属矿电法、石油电法、煤田电法、水文与工程电法等四类。这种分类便于实际工作者按照地质目标和矿产条件适当选择分支方法，以便更有成效地在方法、技术、仪器设备和资料解释中注重地质特点。

(三) 按场源性质分类

分为人工场法 (或主动源法) 和天然场法 (或被动源法) 两大类。人工场法的一般特点是，场源的形式和功率可以人为地控制或改变，因此比较灵活，适用于多种不同地质目标和矿产条件。天然场法则由于不需要人工场源，比较经济，而且效率高，更便于开展普查工作。

(四) 按产生异常电磁场的原因分类

分为传导类电法和感应类电法两大类。前者观测和利用大地中由于传导作用产生的异常电流场 (天然的或人工的，稳定的或似稳态的)，目前我国应用最广泛的是电阻率法、自然电位法、充电法、激发极化法。后者观测和利用地壳中由于感应作用产生的涡旋电流场或其异常电磁场 (天然的或人工的，瞬变的或谐变的)，主要有脉冲瞬变场法、低频电磁法、甚低频法和无线电波法。

(五) 按观测内容分类

分为纯异常场法和总合场法两大类。在纯异常场法中，观测的内容不包含人工场源的作用，如时间域激发极化和脉冲瞬变场法，都是在断去供电电流（人工场源）后观测纯异常场，又如用频率域激发极化法和电磁感应法时，供电期间观测的各种方位虚分量也属纯异常，还有各种天然场法。在总合场法中则包含人工场的作用，如各种电阻率法及频率域法中倾角法、椭圆极化法、振幅相位法等。

(六) 按电磁场时间特性分类

分为直流电法或时间域电法（观测或利用稳定电场）、交变电法或频率域电法（观测或利用似稳态电磁场和电磁波）和过渡过程法或脉冲瞬变场法（观测或利用电磁场的瞬态过程）三类。

到目前为止，电法勘探中尚无统一的分类方案，因为很难用标准化的分类方法把各种电法分支方法严格区分开来。

三、电法勘探的历史

(一) 初期事件

电法勘探是一门新兴学科，其整个发展历程仅有约一个半世纪。据文献记载，早在19世纪初，佛克斯首先在硫化金属矿上观测到自然电流场，并开始试图用电法寻找金属矿，这便是早期的自然电场法，它是电法勘探最先诞生的一种分支方法。但当时只是处于研究阶段，很不完善，未得到实际应用。约半个世纪后，卡尔巴努斯才在自然电场法中采用不极化电极。直到20世纪初，世界许多国家工业迅速发展，对矿产资源需求猛增，电法勘探才从研究领域走向应用阶段。后经不断完善发展，才较正规地投入生产找矿。

利用人工场源的电阻率法勘探约在19世纪末被提出来。如费歇在美国一个矿床上测得了电阻率异常。但当时也是初步的，到20世纪初，视电阻率的重要概念才被提出来，并确立了两种分支方法：四极等间距的温纳氏法和中间梯度法。

激发极化法被施伦贝格发现，达赫诺夫进行了深入的研究，赛格尔提出用激发极化法寻找浸染型硫化矿，此后形成了激发极化方法。

(二) 近期历史

回顾电法勘探的发展历史，在20世纪初，电法基本理论和应用方案已初步形成。以后的年代，在法国、瑞典、加拿大、美国、及英国等国家，地质勘探中电法应用越来越普遍。目前，由于现代物理学、电子学，特别是计算机技术上的发展，大大促进了电阻率法勘探的新技术、新方法、新仪器的发展，尤其是野外信息的数字化和资料的计算机处理，使得电阻率法应用范围进一步扩大，地质效果更为明显。

在仪器方面，现在电法仪器都向小型化、轻便化、数字化、自动化、智能化和高效化等方向发展，使电法勘探应用范围进一步扩大，地质效果更明显。日本OYO公司、美国GSSI公司及Zonge公司、加拿大Phoenix公司等相继开发出电法CT仪及新一代多功能电测系统仪器，以及电阻率成像系统，使得野外数据采集、结果成图一次性完成，大大提高了电法勘探的效率。

在技术方面，电法勘探随着边缘学科的发展而得到提升，出现了一些新技术、新方法，主要有以下几种。

（1）高密度电阻率法（multi-electrode resistivity method）。它采用了三电位电极系，包括温纳四极、偶极、微分三极装置。它结合计算机技术，可广泛应用于场地地质调查、坝基及桥墩选址等。

（2）高分辨地电阻率法。该方法起初用于探测军事方面的洞体，后应用到探测废矿巷道、岩溶等地下洞。此法在探测地下洞体方面效果优于其他方法。

（3）激发极化法（Induced Polarization，IP）。它是应用最广和效果最好的一类电法勘探方法，在找水、找金属矿产方面取得了明显的效果。

（4）频谱激电法（Spectrum Induced Polarization，SIP）。又称复电阻率法。此法在金属矿床和油气勘察方面取得了明显的找矿效果，但对激电效应和电磁效应的分离、激电异常的评价并未完全解决，仍要继续研究。

（5）瞬变电磁法（Transient Electromagnetism Method，TEM）。此方法是近年来发展起来的电法勘探分支方法，它除了具有电磁法穿透高阻层能力强及人工源方法、随机干扰影响小等优点，还明显具有断电后观测纯二次场，可以进行近区观测，减少旁侧影响，增强电性分辨能力。可用加大发射功率的方法增强二次场，提高信噪比，从而增加勘探深度；通过多次脉冲激发后场的重复测量和空间域拟地震的多次覆盖技术应用，提高信噪比和观测精度；可选择不同的时间窗口进行观测，有效压制地质噪声，获得不同勘探深度等一系列优点。其今后的发展方向可概括为：①理论方面，与实际地质构造接近的二、三维问题正反演，电磁拟地震的偏移及成像技术，瞬变电磁法的激电效应特征、分离技术和解释方法等；②方法技术方面，类似于CSAMT 的双极源瞬变电磁法，拟地震的工作方法技术，如时间域多次覆盖技术等；③仪器方面，主要是发展大功率、多功能、智能化电测系统，高温超导磁探头的研制、观测和解释方法研究；④应用方面，除了通常应用于金属矿及石油资源的勘察，还应在地下水、地热、环境及工程勘察，井中瞬变电磁法及深部构造等方面拓宽应用及研究领域。

（6）可控高频大地电磁法（controllable high frequency magneto telluric）。它是 20 世纪 70—80 年代国际上新发展起来的一种电法勘探方法。由于该方法的探测深度较大（通常可达 2km），且兼具有剖面和测深双重性质，因此颇受业内人士青睐。为了推动 CSAMT 法的进一步发展，应深入研究二维和三维条件下，由人工场源引起的各种复杂现象对双极源 CSAMT 观测结果的影响规律和校正方法，提高观测结果的解释水平。

（7）探地雷达（Ground Penetrating Radar，GPR）。它采用宽频短脉冲和高采样率，探测的分辨率高于所有其他地球物理手段。随着电子工艺的迅速发展，探地雷达有了轻便的仪器，它的实际应用范围也迅速扩大。理论研究方面，目前仍相对集中于信号处理。另外，探地雷达图像的正确判读和解释始终是探地雷达工作者的一项重要和艰巨的任务，今后仍作为重点研究。

（8）岩性测深（Petro Sonde，PS）。该法在大深度上显示出高分辨率和识别油、煤、水的能力，但由于其发明公司（美国 GI 公司）对其原理解释缺乏说服力，其应用争议颇大。

第二节　直流电阻率法基础知识

一、电阻率测量的基本概念

电阻率法勘探是以地下岩石（或矿石）的导电性差异为物理基础，通过观测和研究人工建立的地中稳定电流场的分布规律从而达到找矿或解决某些地质问题的目的。它具有方法多样化的优点，而且由于仪器设备比较简单且工作效率较高，因此被广泛用于各种矿产的普查勘探和水文地质、工程地质、供水水源勘探等各个领域，并取得了良好的地质效果。

当地下介质存在导电性差异时，地表观测到的电场将发生变化，电阻率法就是利用岩石和矿石的导电性差异来查找矿体以及研究其他地质问题的方法。电阻率是表征物质电导性的参数。

根据地下地质体电阻率的差异而划分出电性层界线的断面称为地电断面。由于相同的地层其电阻率可能不同，不同的地层其电阻率又可能相同，所以地电断面中的电性层界线不一定与地质剖面中相应的地质界线完全吻合，实际工作中要注意研究地电断面与地质剖面的关系。

另外，由于地电断面一般都是不均匀的，将不均匀的地电断面以等效均匀的断面来替代，所计算出的地下介质电阻率不等于其真电阻率，而是该电场范围内各种岩石电阻率综合影响的结果，故称为视电阻率。由此可见，电阻率测量更确切地说应该是视电阻率测量。

电阻测量技术是利用两个电极把电流输入地下并在另两个电极上测量电压实现的。可以采用各种不同的电极布置形式，并且在所有情况下都可以计算出地下不同深度的视电阻率，利用这些数据可以生成真电阻率的地电断面。

矿物中金属硫化物和石墨是最有效的电导体，含孔隙水的岩石也是良导体，而且正是由于岩石中孔隙水的存在使得电法技术的应用成为可能。对于大多数岩石而言，岩石中孔隙发育程度以及孔隙水的化学性质对电导性的影响大于金属矿物粒度对电导性的影响，如果孔隙水是卤水，电法的效果最好；只含微量水分的黏土矿物也容易发生电离，由于孔隙水的存在及其含盐度的差异，表中同类岩石或矿物呈现很大的电阻率变化区间。

二、导电方式

电阻率仅与导体材料的性质有关，它是衡量物质导电能力的物理量。显然，物质的电阻率值越低，其导电性就越好；反之，若物质的电阻率越高，其导电性就越差。在电法勘探中，电阻率的单位采用欧姆·米来表示（或记作 $\Omega \cdot m$）。电阻率的倒数即为电导率，以 s 表示，它直接表征了岩石的导电性能。不同岩土的电阻率变化范围很大，常温下可从 $10^{-8}\Omega \cdot m$ 变化到 $10^{15}\Omega \cdot m$，其值大小与岩石的导电方式不同有关。岩石的导电方式大致可分为以下四种。

（1）石墨、无烟煤及大多数金属硫化物主要依靠所含的数量众多的自由电子来传导电流，这种传导电流的方式称为电子导电。由于石墨、无烟煤等含有大量的自由电子，故它们的导电性相当好，电阻率非常低，一般小于 $10^{-2}\Omega \cdot m$，是良导体。

（2）岩石孔隙中通常都充满水溶液，在外加电场的作用下，水溶液的正离子（如 Na^+、K^+、Ca^{2+} 等）和负离子（Cl^-、SO_4^{2-}等）发生定向运动而传导电流，这种导电方式称为孔隙水溶液的离子导电。沉积岩的固体骨架一般由导电性极差的造岩矿物组成，所以沉积岩的电阻率主要取决于孔隙水溶液的离子导电。一切影响孔隙水溶液导电性的因素都会影响沉积岩的电阻率，如岩石的孔隙度、孔隙的结构、孔隙水溶液的性质和浓度以及地层温度等，都对沉积岩的电阻率产生不同程度的影响。

（3）绝大多数造岩矿物，如石英、长石、云母、方解石等，它们的导电是矿物晶体的离子导电。这种导电性是极其微弱的，所以绝大多数造岩矿物的电阻率都相当高（大于 $10^6\Omega \cdot m$）。致密坚硬的火成岩、白云岩、石灰岩等，它们几乎不含水，而其矿物晶体的离子导电又十分微弱，故它们的电阻率很高，属于劣导电体。

（4）泥质一般是指粒度小于 $10\mu m$ 的颗粒，它们是细粉砂、黏土与水的混合物。泥质颗粒对负离子具有选择吸附作用，从而在泥质颗粒表面形成不能自由移动的紧密吸附层，在此紧密吸附层以外是可以自由移动的正离子层。在外电场作用下，正离子依次交换它们的位置，形成电流。这种以泥质颗粒表面的正离子来传导电流的方式与水溶液的离子导电方式不同，称为泥质颗粒的离子导电，也称为泥质颗粒的附加导电。黏土或泥岩中泥质颗粒的离子导电占绝对优势，由于黏土颗粒或泥质颗粒表面的电荷量基本相同，所以黏土或泥岩的导电性能比较稳定，它们的电阻率低且变化范围小。在砂岩中，随着岩石颗粒的变细，附加导电所起的作用将越来越大。特别是细砂岩和粉砂岩，附加导电对岩石的电阻率影响很大。

由上可知，矿物电阻率值是在一定范围内变化的，即同种矿物可有不同的电阻率值，不同矿物也可有相同的电阻率值。因此，岩土、矿石的电阻率值也并非为某一特定值。对几种常见岩石而言，其电阻率便是在一定范围内变化的。由该图可见，火成岩与变质岩的电阻率值较高，通常在 $10^2 \sim 10^5 \Omega \cdot m$ 范围内变化；沉积岩的电阻率值一般较低，如黏土电阻率值约为 $10^0 \sim 10^1 \Omega \cdot m$；砂岩的电阻率值约为 $10^2 \sim 10^3 \Omega \cdot m$，而灰岩的电阻率值则较高些。

三、电阻率测量的布设

(一) 垂向电测深法

电阻率测量的目的是圈定具有电性差异的地质体之间的垂直边界和水平边界，一般采用垂向电测深来实现。

垂向电测深法是探测电性不同的岩层沿垂向方向的变化，主要用于研究水平或近水平的地质界面在地下的分布情况。该方法采用在同一测点上逐次加大供电极距的方式来控制深度，逐次测量视电阻率的变化，从而由浅入深了解剖面上地质体电性的变化。电测深有利于研究具有电性差异的产状近于水平的地质体分布特征，这一技术广泛应用岩土工程中确定覆盖层的厚度以及在水文地质学中定义潜水面的位置。

(二) 电阻率数据的定性解读

由于电法勘探的理论基础很复杂，因而在地球物理勘探中电法测量结果最难于进行定量解读。在电阻率测量结果的解释中，对于垂向电测深结果的数学分析方法已经比较成熟，而电剖面测量结果的数学分析相对滞后。

利用电测深获得的视电阻率数据可以绘制相应的视电阻率地电断面等

值线图、视电阻率平面等值线图等，借助于这些图件分析勘探区的地质构造、地层（含水层）的分布特征等。

联合剖面法的成果图件主要包括视电阻率剖面图、视电阻率剖面平面图以及视电阻率平面等值线图等，利用这些图件可以确定异常体的平面位置和形态，并可进行定性分析。

（1）沿一定走向延伸的低阻带上各测线低阻正交点位置的连线一般与断层破碎带有关。

（2）沿一定走向延伸的高阻异常带多与高阻岩墙（脉）有关。需要指出的是，地下巷道、溶洞等也具有高阻的特征，应注意区分。

（3）没有固定走向的局部高阻或低阻异常与局部不均匀体有关。

（三）电阻率的应用

这种方法既可以直接探测矿体（如密西西比河谷型硫化物矿床），也可用于定义勘查目标的三维几何形态（如金伯利岩筒），电阻测量还可用于绘制覆盖层厚度图。

第三节　电剖面法

电剖面法是采用固定极距的电极排列，沿剖面线逐点供电和测量，获得视电阻率剖面曲线，通过分析对比，了解地下勘探深度以上沿测线水平方向上岩石的电性变化。在水文地质和工程地质调查中能有效地解决有关地质填图的某些问题，如划分不同岩性的陡立接触带、岩脉，追索构造破碎带、地下暗河等，并可发现浅层的局部不均匀体（溶洞、古窑等）。

电阻率剖面法简称为电剖面法，根据电极排列形式的不同，又分为联合剖面法、对称剖面法、偶极剖面法和中间梯度法等类型。

一、电剖面法的测网布置

电剖面法是电阻率剖面法的简称，这种方法用于确定电阻率的横向变化。它是将各电极之间的距离固定不变（即勘探深度不变），并使整个或部分装置沿观测剖面移动。在矿产勘探中采用这种方法确定断层或剪切带的位置以及探测异常电导体的位置，在岩土工程中利用该法确定基岩深度的变化以及陡倾斜不连续面的存在。利用一系列等极距电剖面法的测量结果可以绘制电阻率等值线图。

电阻测量方法要求输入电流和测量电压，由于电极的接触效应，同一对电极不能满足这一要求，故需要利用两对电极（一对用作电流输入，另一对用作电压测量）才能实现。根据电极排列形式不同，电剖面法主要分为联合剖面法和中间梯度法等。

联合剖面法采用两个三极装置排列（三极装置是指一个供电电极置于无穷远的装置）联合进行探测，主要用于寻找产状陡倾的板状（脉状）低阻体或断裂破碎带。

中间梯度法的装置特点是供电电极距很大（一般为覆盖层厚度的70~80倍），测量电极距相对要小得多（一般为供电电极距的1/30~1/50），实际操作中供电电极固定不变，测量电极在供电电极中间1/3~1/2处逐点移动进行观测，测点为测量电极之间的中点。中间梯度法主要用于寻找诸如石英脉和伟晶岩脉之类的高阻薄脉。

二、电剖面法各种装置形式及极距的选择

极距选择主要考虑下列因素：覆盖层厚度及电阻率，地电断面的产状、规模，相邻地质体的影响及其他干扰情况等。

下面是有关各种电剖面法的具体介绍。

(一) 联合剖面法

联合剖面法是由两组三极装置联合进行探测的一种视电阻率测量方法，具有分辨能力高、异常明显的优点，但也有装置较笨重、地形影响大等缺点。它在水文地质和工程地质调查中获得广泛的应用，是山区找水常用的、效果显著的方法。

联合剖面法装置把 AMN 和 MNB 两个三极排列组合起来。它们有一公共电极，设在无穷远处（意思是：对观测点来说，这一电极的影响可以忽略），称作无穷远极。通常是把无穷远极放在测区基线方向离测区最边缘测线大于

5 倍距离处。

(二) 对称剖面法

对称装置的电剖面法有对称四极法和复合对称四极法。

1. 对称四极剖面法

对称四极剖面装置是 $AMNB$ 的排列形式。即供电极 AB 和测量极 MN 对称于 MN 中点 (记录点 O)。

总之, 对称四极剖面法是工作效率比较高的一种电剖面法, 它能了解基底起伏情况, 探查古河道、岩溶发育带, 追索岩层陡倾斜接触界线以及寻找断层破碎带等。但此方法的缺点是分辨能力和异常幅度不及联合剖面法高。但它仍是水文工程地质普查的有效手段。

2. 复合对称四极剖面法

复合对称四极剖面法也是对称剖面装置的一种, 它是用两组供电电极 (AB 和 $A'B'$) 共用一对测量电极 (MN) 进行测量。

根据勘探目的的要求, 小极距力求反映浅部情况, 大极距力求反映深部情况。常用本装置查明基岩起伏情况。

3. 中间梯度法的装置特点

这种装置的两个供电电极的距离 AB 选取很大, 通常 AB 距离等于 $70 \sim 80$ 倍的浮土厚度。并让 AB 固定不动, 测量电极 MN 在 AB 中部 $1/3 \sim 1/2$ 的区间内逐点测量, 测完该区间内的电阻率值后, 再挪动出 AB 电极, 继续在其中间区间测量 (两个区间之间接头处重复测量)。

中间梯度装置的视电阻率值与电位梯度成正比, 测量又位于 AB 中间区间内, 这就是该装置名称的由来。

由于 AB 很大, 在供电电极连线中间部分的电场是平行的均匀电场, 这种装置能最大限度地克服供电电极附近电性不均匀的影响。其他电剖面方法的测量方式是: 每测量一个点以后, 整个装置 (即包括供电电极和测量电极) 一起移动。这样, 供电电极的频繁移动除影响工作效率外, 最大的弊病是供电电极附近不均匀的影响不可避免地掺杂到测量结果中, 造成假异常干扰。现采用 AB 固定的中间梯度装置, 对其一测量区间来说, 供电电极附近地层不均匀性的影响是一个常数, MN 测量电极在该区间内逐点地测量, 所得的曲线若有变化，则所反映的必然是 MN 电极附近地下地层的变化情况，这是该装置独有的优点。

同一剖面，一个测量区间测完之后，接着测下一个区间，在接头处电阻率不可能相等（两次 AB 接地条件不同），不可避免地将在测量曲线上出现"脱节点"，因此曲线看上去不那么光滑；由于 MN 相对 AB 的位置，每点都有变化，因此对同一测量区间来说，勘探深度是略有变化的。

为提高工作效率，该装置还可以在主测线供电，在平行该主测线的相邻测线的相应中间测区进行测量，这样就做到了在一条测线上供电，可在 $3\sim5$ 条测线上的测区同时进行测量，既省电，又省工。

在实际工作中，中间梯度法通常用来追索高阻陡倾斜岩脉，很少用来追索陡倾斜低阻脉（如断层破碎带等）。

（三）偶极剖面法

供电电极 AB 的距离与测量电极 MN 间的距离相等或接近，AB 的中心点 O 与 MN 的中心点 O' 的距离 OO' 称作电极距，由于 OO' 比 AB 之间本身的距离大许多倍，所以从观测点上看，由 AB 供电电极产生的电场是一电偶极子电场。偶极剖面法的名称由此而来。

偶极剖面法的优点是装置轻便和异常明显，测得的视电阻率曲线能灵敏地发现电阻率差异较小的地电体，所以它的分辨率较高，同联合剖面法差不多。然而，地表不均匀所造成的干扰也较其他电剖面法为大。另外，还需要较强的供电电流，这是该方法的缺点。

目前，使用较多的是单边偶极剖面法（$ABMN$）。在测量时，选取 MN 的中点 O' 为记录点，得电阻率曲线。根据电位分布的互换原理，设想在 AB 供电，MN 测量，和在 MN 位置放有一对 $A'B'$ 电极，MN 测量电极放在原 AB 的位置测量，记录点在原 AB 中点 O 处，只要保持 $AB=MN=B'A'$，则由后者所得的曲线与前者的电阻率曲线形状完全一样，只不过记录点不同罢了。结果得到类似联合剖面法曲线。所以在使用单边偶极装置工作时，每次观测结果分别记录在 O 点和 O' 点上，分别得到两条曲线，获得双边偶极的相同效果。这是偶极剖面法一个很大的优点，它甩掉了联合面法笨重的无穷远极装置。

前已提及，偶极剖面法对地表不均匀的反映特别灵敏。所以，在地质构造复杂地段，电阻率曲线形态复杂。另外，当 AB 电极过界面时将出现一些假异常，增加了解释的困难。这也是偶极剖面法应用不如联合剖面法广泛的原因。

三、电剖面法的地形影响和改正

以上各种电剖面方法有关不同地电断面上的 os 异常曲线特点及解释方法的分析都是在假定地表是水平的、围岩均匀且各向同性等前提条件进行讨论的。实际工作中，如在山区及丘陵地带，由于地形起伏大以及坡积、残积物的存在，表层电性不均匀；有些地方即使地表较平坦，但还存在潜伏古地形影响，并采取行之有效的措施，即所谓地形改正的办法，是山区开展电探急需解决的实际问题。此问题比较复杂，目前在理论研究（组构地形影响的理论量板）和模型实验方面尚处于探索阶段，还不很成熟，仅作简单的讨论。

(一) 地形影响的讨论

大量的模型实验结果表明，地形起伏对各种电剖面法的影响有一些共同的特点。

1. 地形起伏相当于在原来的均匀半空间中的地表附近叠加一不均匀地电体。山谷或凹地、坳陷，相当于叠加了一高阻体（高阻体电阻率为空气电阻率）。当然，实际情况还要复杂一些，例如，负地形易积水和堆积各种松散的沉积物，表层电阻率较低；山脊或凸起地形，相当于叠加了一低阻体（电阻率为覆盖层及山体电阻率），但由于山区地形受风化剥蚀影响，基岩裸露，电阻率相对要增高。

2. 任何复杂地形都可看作是阶梯地形的组合。联合部面曲线在阶地转折的坡角上出现极大值，坡顶出现极小值；在坡角外缘出现正交点，在坡顶上出现反交点。

3. 对于凸起的正地形，不管是二度、三度体（如走向长度大于极距 L 的山脊），还是三度地形（如椭球状、球状凸起），联合剖面曲线在凸地中心产生低阻反交点，在凸地两侧有两个低阻正交点。

4. 对于凹（负）地形，它包括二度、三度体，联合剖面曲线在凹地中心产生高阻正交点，在凹地两侧产生两个低阻反交点。

5. 对于地表平坦但地下有潜伏地形的地电断面，将出现低阻正交点异常曲线，因此隐伏地形的影响在解释时不可忽略。

6. 极距 L 和跨度 D 对地形异常曲线的影响：当 $L<D$ 时，曲线差异较大，故畸离明显；当 $L \geq D$ 时，二曲线畸离变小，而且两侧的交点随 L 增大而向外侧偏移。当 L 远大于 D 时，地形影响可以忽略。

（二）地形改正

在地形起伏的测线上布置电剖面法，所测得的曲线实际上包括由地质体或构造产生的有用异常和地形影响共同作用的结果。地形改正的方法：为把有用异常突出，消除地形影响。

如果不进行地形改正，很可能会漏掉有意义的异常。在山区进行电测时，比如常用联合剖面法寻找并追索构造破碎带，指导打井。在确定勘探孔位时，必须十分重视地形影响的分析，并尽可能进行地形改正工作，去伪存真，准确判断构造的存在及位置。

地形改正系数是通过模拟实验测定或由理论计算方法确定，方法如下。

1. 根据简单地形或地形组合断面进行理论计算，组构各种理论量板或表格，求系数时，直接查表或对量板，或直接进行电算处理。

2. 用土模型模拟实际三度地形，由实验求出系数。

3. 用导电纸对二度地形进行模拟和测量，求出系数。除了用导电纸还可以用薄水层、电阻网络等办法进行模拟和测量。其中以用导电纸的办法最方便。

第四节　电测深法

一、电测深法的实质和应用条件

电测深法的全称为"电阻率垂向测深法"，它是研究垂向地质构造的重要地球物理方法。同其他物探方法一样，电测深法是在勘探区布置一定的测网，测网由若干测线组成，每条测线布置若干测点。对地面上某一测点进行电测深法测量的实质是用改变供电极距的办法来控制不同的勘探深度，由浅入深，了解该测点地下介质垂向上电阻率的变化。综合每条测线的测量结果，通过定性和定量解释，可以获得每条测线的地电断面资料。综合勘探区内各测线的测量结果，可以获得地下岩石沿水平方向和垂直方向变化的综合资料。因此，正确的工作布置和解释可以达到立体填图的效果。可见电测深法较之电剖面法，工作量大，但所获资料丰富。比如沿一剖面作一个电测深剖面，其结果中将包含了多个不同电极距的电剖面结果。

按照传统的说法，电测深有利于解决具有电性差异、产状近于水平的地质问题。但从电测深方法的实践来看，它的应用范围已大大扩展，早已不仅限于解决水平电性分界面的问题。在生产实践中对非水平层产状、局部的不均匀地电体（如断层、溶洞等）、不同地貌单元的划分等方面，做过电测深之后，都在不同程度上获得一定的地质效果。虽然在多数情况下难以得到定量的结果，但能定性地了解地电体的分布情况，提供有用的地质信息。

电测深的定量解释方法存在很大的局限性，因为目前的电测深解释理论是建立在以下假设基础上的：即地面水平、地下电性层层面水平、厚度较大，各层间电阻率差异明显，各层内电阻率均匀，浅部没有明显的屏蔽层（高阻或低阻屏蔽层），层次不能太多。

实际地下地质情况往往比较复杂，不可避免地会偏离上述理论条件，因此在电测深工作中按严格的电测深解释理论进行定量解释，只能解决接近上述理论条件的地质问题。

为了突破上述理论的局限性，充分发挥电测深进行立体填图的特长，扩大电测深法的应用领域，在生产实践中，根据水文地质和工程地质调查的需要，可以设法改进电测深法的某些方面，根据勘探深度要求不太大（一般在100m左右，不超过200m），但分层要求细致，并需估计局部电性不均匀体的埋深等情况，采用加密极距间隔的办法进行工作，细致地勾画定性解释图件。另外，由已知钻孔的井旁电测深曲线直观地发现目的层和曲线特征的定量统计关系，然后对大致资料进行定量解释。上述措施的采用，实践表明是可行的，为指导勘探打井，积累了不少经验。

对于非理想条件下电测深解释理论的探讨还很不成熟。近年来，我们引进电子计算机技术，对电测深资料进行数学处理的进一步发展和完善开辟了广阔的前景。

(一) 电测深法在水文地质和工程地质调查中的研究问题

1. 查明基岩起伏情况，确定覆盖层厚度，查明基岩风化壳发育深度等。

2. 寻找层位稳定的含水层，确定其顶、底板埋深，为设计勘探孔位提供依据；在地下水矿化度高的地区，圈定咸水和淡水分布范围 (水平方向和不同深度)。

3. 定性地确定具有明显电阻率差异的断层破碎带、陡立岩性接触界线的存在，并大致了解其产状 (走向、倾向) 和范围。

4. 查找埋藏不深、规模较大、电性差异明显的地下局部不均匀体，如局部的砂层透镜体、古河道、充水溶洞和人工洞穴、古窑等。

5. 在水文地质工程地质中，查明区域构造，如凹陷、隆起，褶皱等；划分地貌单元。

6. 在寻找建筑材料勘探工作中，估算砂石料的储量。

(二) 适合作电性标准层的岩层条件

为了用电测深法解决上述地质问题，尤其在研究区域地质构造工作中，必须仔细选择电性标准层，以便进行区域追索、对比，获得地下构造的完整概念。

适合作电性标准层的岩层应满足下列条件。

1. 该层在工作区内能被连续追索，控制着工作区的地质构造。

2. 该层与围岩的电阻率差异大 (最好差 10 ~ 20 倍以上)，而且该层电阻率比较稳定。

3. 该层厚度较大 (最好大于或等于其埋深)。

前震旦系古老的结晶基底可视为电阻率很大的高阻标准层 (有时又称标志层)，第三系、白垩系的红层、泥岩可视为低阻标准层。显然，追索区域内电性标准层的分布轮廓便能勾画出区域构造的概貌。

在工程地质调查中，要求查明泥质薄夹层的分布，如果层厚比埋深小很多，比如要探查 10m 以内十几厘米厚的泥质薄夹层，就目前技术水平来看是不可能的。

二、水平层状分布的地电断面和电测深的曲线类型

当地下介质在半空间均匀分布，并具有电阻率 ρ_1 时，在地面做电测深，不论极距怎样变化，测得的 ρ_s（视电阻率）值都与均匀介质的电阻率 ρ_1 相等，故电测深曲线为一条 $\rho_s=\rho_1$ 且平行于横轴的直线。如果在一个平整的岩石露头上，用较小极距装置测量某点的电测深曲线，其水平渐近线的 ρ_s 值等于 ρ_1，可以认为该值就是岩石的真电阻率值。

须注意，对三层断面而言，由于和二层（常作中间层）本身的厚度变化与第一层及第三层的电阻率差异太小，使曲线的中段构成一些明显的特征点。

三、电测深的几种装置形式和极距的选择

常用的装置形式为对称四极测深装置。在一个供电电极一侧遇到障碍物时，可改用三极测深装置，这时应依照联合剖面法设置无穷远极。其他装置形式还有偶极测深装置、纵轴电测深装置，等等。电测深除了在地面上进行，还可在江河、湖泊、海洋面上借助船载或借助绳索电缆进行，对水层的存在还要进行校正等，在此不详述，可参考有关水上电探资料。

四、电测深资料的解释

(一) 电测深资料的定性解释

电测深成果解释的最终目的是把电测深法野外工作获得的全部资料变成地质语言，供水文地质、工程地质人员在解决有关地质问题时应用。

电测深解释工作是整个工作过程中极重要的一环，要本着从已知到未知，反复实践、反复认识的精神，要仔细地进行工作。一般可分为定性解释和定量解释两个阶段。定性解释是整个解释工作的基础，定性解释之前必须进行电性资料的研究。

1. 电性资料的研究

在一个测区内做电测深工作时，首先要收集该区内已知钻孔资料（柱状图）和电测井资料，同时应在已知井旁做电测深试验工作，对所获得的井旁电测深 ps 曲线进行分析，判断哪些地质体或地层反映了哪些电性层，参照

钻孔柱状图、电测井资料等，经过研究对比，确定地质体或地层与 ps 曲线的对应关系，判断含水层与隔水层、淡水层与咸水层等在电阻率上的差异，掌握其异常特征和曲线类型。有了工区内已知资料作借鉴，便可估计区内的岩性、构造和地形等因素对电测深结果的影响，从而指导未知区的工作。这项工作是定性解释的第一步，是随着资料的不断丰富而逐步深化的。

2.各种定性解释图件的绘制和分析

电测深定性解释的任务是了解地层结构特点、地层与电性层的对应关系，并掌握它们沿水平或垂直方向上的分布与变化情况。各种定性解释图件的绘制是定性解释的主要工作。这些图件能够全面地展示被测地层、地电体在空间中的分布和变化，从不同角度和不同深度进行勘探，从平面和纵横剖面等多个维度进行把握。通过这些图件，我们可以直观地了解被测对象的立体轮廓，从而更好地评估和分析其特征和属性。当然，这些结果都是粗线条的，还有待通过定量解释较准确地绘制地电断面的图件。

(二) 电测深的定量解释方法——量板法

电测深定量解释的目的是在定性解释的基础上确定各电性层的埋深、厚度和电阻率的具体数值，最后绘制各种定量图件。

定量解释借助量板进行对比的量板法和不需要使用量板的简捷定量解释方法。本节只介绍量板法，它是电测深定量解释曲线最基本的方法，理论严整，需要熟练地掌握。

量板法就是运用理论曲线对实测电测深曲线进行对比求解的方法。在已知各层电阻率和厚度的水平层状地电断面上，根据电测深的理论计算公式，计算出许多理论曲线，把它们按层数和断面类型分类组成的曲线簇及曲线册叫作"量板"。

目前普遍使用的有三种量板：二层量板、三层量板和辅助量板。

根据实测曲线，判断它的层数及类型，分别与相应的量板上的理论曲线对比，求出各电性层的埋深、厚度和电阻率值，这就是量板法的求解过程。

第五章　矿区总体规划设计

第一节　矿区总体规划设计

一、规划设计程序

（1）煤炭矿区总体规划由省级发展改革委委托具有甲级煤炭工程咨询资质的编制单位。

（2）煤炭矿区总体规划应当坚持"合理布局、有序开发、规模生产和综合利用"的原则，符合国家法律、法规、标准、规范等有关规定。

（3）多个相邻煤田、大型煤田要在科学论证的基础上合理划分矿区。

（4）编制煤炭矿区总体规划应当在普查和必要的详查地质报告基础上进行，详查及以上区域面积占矿区含煤面积的60%左右。矿区内有多个地质勘探报告时，省级发展改革委应当委托具有相应资质的地质勘探单位地质资料汇编报告。矿区总体规划所依据的地质资料应当符合有关规范的要求，并取得相应资质单位的评审意见。

（5）煤炭矿区总体规划应当与国家主体功能区规划、国家能源规划、煤炭工业发展规划、省级以上人民政府批准的城镇总体规划等相衔接。

（6）资源储量为中型、规划总规模3MV/a及以上的矿区，其总体规划由矿区所在省级发展改革委会同省级煤炭行业管理等部门提出审查意见后，报国家发展改革委审批。煤炭资源储量为小型、规划总规模为3MV/a以下的矿区，其总体规划由省级发展改革委审批，报国家发展改革委备案。

（7）煤炭矿区总体规划实行动态管理。已批准的矿区总体规划，矿区范围、井（矿）田划分和建设规模发生较大变化的，应重新制定矿区总体规划（修改版），明确矿区总体规划修改内容，并按照上述程序重新报批。矿区总体规划（修改版）申报时间距原规划批复时间原则上不少于5年。评估或者评审矿区总体规划（修改版），应当对矿区总体规划修改内容作出评价。随着国家改革开放和体制改革，矿区设计程序、审批程序可能有新的规定，设计应按国家新的规定程序进行。

二、规划编制依据

（1）矿区总体规划设计委托书。由于矿区总体规划属政府行为，由各省（区、市）、计划单列市发改委和计划单列企业、企业集团或有关政府部门委托。

（2）矿区资源普查地质报告和必要的详查地质报告及审批文件。

（3）矿区环境影响评价大纲及审批文件。

（4）各省（区、市）国民经济和社会发展计划及远景目标纲要。

（5）煤炭行业及相关电力、化工、交通、建材等行业的五年计划及远景规划。

三、设计内容及附图

矿区总体规划内容极为广泛，不仅要合理确定煤田划分和矿区规模，还要对整个矿区的运输、供电、给排水、通信等配套工程及地面设施、环境保护、技术经济指标等作全盘规划、统一安排。

矿区总体规划设计应当包括下列内容。

（1）规划编制的依据、指导思想和原则。

（2）矿区概况，包括矿区位置、资源条件、勘探程度等。

（3）矿区开发的目的和必要性。矿区开发对地区经济社会发展的作用和意义，煤炭市场前景和产品竞争力。

（4）矿区开发企业基本情况，生产和在建矿区应当说明矿区生产开发现状。

（5）矿区和井（矿）田范围确定依据，井田划分的技术经济比较。

（6）矿井建设规模、服务年限、开拓方式、井口位置及工业场地。

（7）矿区建设规模、均衡生产服务年限、煤炭资源补充勘探意见及矿井开发顺序。

（8）煤炭洗选加工，包括煤质特征、原煤可选性、产品利用方向、煤炭洗选加工及布局等。

（9）矿区与煤伴生资源、煤层气（煤矿瓦斯）、矿井水和煤矸石等资源的综合开发利用方案。

（10）矿区铁路、公路、供电电源和供电方案、供水水源和供水方式、通信等外部建设条件。

（11）矿区总平面布置及辅助设施，包括矿区地面布置、建设用地、防洪排涝等。

（12）矿区安全生产分析与灾害防治等。

（13）矿区环境保护、水土保持和节能减排等。

（14）矿区劳动定员和矿区静态总投资。

（15）规划矿井基本特征表、勘察程度图、井（矿）田划分图、矿区及井（矿）田拐点坐标表。

矿区总体规划的附图如下：矿区地质地形图（复制原图）、矿区水文地质图（复制原图）、矿区综合地质柱状图（复制原图）、矿区主要地质剖面图（复制原图）、矿区煤层底板等高线及储量计算图（复制原图，宜包括全部可采煤层）、井（矿）田划分平面图（1∶5000、1∶10000、1∶25000、1∶50000）、井田开拓平面图（1∶5000、1∶0000、1∶25000）、井田开拓剖面图（1∶2000、1∶5000、1∶10000）、矿区铁路平面图（宜与矿区地面总布置图相同）、矿区地面总布置图（1∶5000、1∶10000、1∶25000、1∶50000）。

四、矿区开发规划原则

矿区开发规划是对矿区井田划分、井田开发方式（露天或井工）、矿井设计生产能力、开拓方式与井口位置、矿区建设规模、均衡生产服务年限及矿区开发顺序和环境保护等进行的全面技术经济研究和综合评价。它是矿区总体规划的主要组成部分，也是进行矿区运输、供电、给排水、通信等配套工程及地面设施、环境保护等设计的主要依据，对矿区生产经营和经济效益有重大作用和深远影响。

矿区的开发规划涉及煤炭工业的布局和地区经济的发展，一般应遵循下列原则。

（1）必须认真贯彻执行国家发展煤炭工业的方针、政策和发展战略，以及有关法规、规程和规范的规定。

（2）结合具体条件充分考虑国民经济和区域经济发展需求（国内外市场需求），择优开发、合理利用煤炭资源，对国家稀缺煤种实行保护性开采。

（3）为矿区的合理开发创造良好的建设条件，保证矿区规划布局的合理性和稳定性，矿区建设、城乡规划和环境保护同步发展。

（4）矿区的井田划分。要统筹全局，处理好相邻矿区和相邻矿井之间的境界关系，如矿井与露天矿、生产矿与新建井、浅部井与深部井，对国有重点煤矿与地方矿井应统一规划、合理布局。

（5）根据矿区的自然条件与开发规模，正确合理地确定矿井井型和机械化程度。

（6）综合分析、借鉴国内外矿区开发经验与发展趋势，改进矿井开拓部署，采用先进科学技术，不断提高矿区现代化水平。矿区总体规划应体现生产集中化、装备机械化、技术经济合理化和安全高效原则，因地制宜地采用新技术、新工艺、新设备、新材料，推行科学管理。

（7）充分发挥资源优势和地理优势，择优开发资源丰富、开采条件优越、交通方便和缺煤的地区，满足露天矿开采条件的应当优先选用露天开采。

（8）在矿区建设中需科学地安排好各项建设工程的衔接，以相对较少的投资、较短的建设周期，实现少投资、多产出，取得矿区建设的最大经济效益。

（9）对矿区有工业价值的其他有益矿物，应规划开发和利用，提高经济效益。

（10）适应经济发展和科学技术进步，适当为矿区扩建与发展留有余地。

（11）贯彻安全生产方针，努力改善劳动条件，关注职工职业健康。

五、矿井开发可行性研究

（一）可行性研究的含义

可行性研究是一种包括机会研究、初步可行性研究和可行性研究3个阶段的系统投资决策分析研究方法，其目的是在项目投资决策前，对拟建项目的所有方面（包括工程技术、经济、财务、生产、销售、环境、法律等）进行全面的、综合的调查研究，对备选方案从技术的先进性、生产的可行性、建设的可能性、经济的合理性等方面进行比较评价，从中选出最佳方案的过程。可行性研究是项目投资前期最重要的一项基础工作。它从预测市场需求开始，通过拟订多个方案进行比较论证，研究项目的建设规模、工艺技术方案、原材料及动力供应、设备选型、厂址选择、投资估算、资金筹措与偿还能力、生产成本等。对工程项目的建设方案进行详细规划，最后评价项目的盈利能力和经济合理性，提出项目可行或不可行的结论，从而回答项目是否要投资建设和如何投资建设的问题，为投资者的最终决策提供准确的科学依据。

项目建设前期是确定工程项目经济效果的关键时期，是研究和控制的重点。如果在项目实施中才发现工程费用过高、投资不足，或原材料不能保证等问题，将会给投资者造成巨大损失。因此，无论是发达国家还是发展中国家，都把可行性研究视为工程建设的首要环节。投资者为了排除盲目性，减少风险，在竞争中取得最大利润，宁肯在投资前花费一定的费用，也要进行投资项目的可行性研究，用以提高投资获利的可靠程度。

(二) 可行性研究的意义与作用

1. 可行性研究的意义

可行性研究重要意义主要体现在以下几个方面。

(1) 减少决策的盲目性。现代工程项目的建设涉及面广，相关因素多，如市场问题突出、建设新项目的条件苛刻、技术因素复杂、资金筹措困难及国家政策等方面的因素。如果投资主体不能就投资项目所涉及的各个主要方面进行深入调研、预测和定量估算而盲目投资，就有可能使项目出现一些遗留问题，造成新项目的畸形发展，甚至会出现达不到设计要求的情况。

(2) 提高项目建设的速度和确保项目建设的质量。可行性研究工作虽然要占用项目建设前期的时间，而且还要支付研究费用，但由于它所研究的工作内容是项目设计、施工时所需要的基础数据和资料，因而可以相应减少后期的工作，即缩短建设期的周期。可行性研究是投资前期所必需的阶段，是投资决策的依据。可行性研究之所以受到如此重视，是因为它是行之有效、合乎建设规律的一种科学分析论证方法，也是提高建设项目经济效益的首要环节。我国有关部门明确规定，凡是未经可行性研究或可行性研究深度不够的项目，设计任务书将不予批准，不得列入基建计划。

2. 可行性研究的作用

可行性研究是投资前期工作的重要内容。它一方面充分研究建设条件，提出建设的可能性，另一方面进行经济分析评估，提出建设的合理性。它既是项目工作的起点，也是以后一系列工作的基础，其作用概括起来有以下 8 个方面。

（1）作为投资项目决策的依据。投资主体决定是否兴建该项目，主要依据可行性研究提出的研究结论。

（2）作为投资项目设计的依据。项目设计要严格按照批准的可行性研究报告的内容进行，不得任意修改。

（3）作为向银行贷款的依据。银行通过审查可行性研究报告，判断项目的盈利能力和偿还能力，决定是否给予贷款。

（4）作为向当地土地、环保、消防等主管部门申请开工建设手续的依据。

（5）作为项目实施的依据。项目被列入年度投资计划之后，项目实施计划、施工材料及设备采购计划都要参照可行性研究报告提出的方案进行。

（6）作为项目评估的依据。

（7）作为科学实验和设备制造的依据。

（8）作为项目建成后企业组织管理、机构设置、职工培训等工作的依据。

（三）可行性研究的依据和内容

1. 依据

一个拟建项目的可行性研究必须在国家有关的规划、政策、法规的指导下完成，同时还必须要有相应的各种技术资料。进行可行性研究工作的主要依据主要包括以下内容。

（1）项目建议书（初步可行性研究报告）及其批复文件。

（2）国家经济建设的指导方针、产业政策、行业准入条件、投资政策和技术经济政策、国民经济和社会发展规划等。

（3）经审批的矿区总体规划、评估报告和批复文件等。

（4）经评审的井田地质勘探报告、评估意见和储量备案证明文件。

（5）国家、地区和行业的工程技术、经济方面的法令、法规、标准定额等资料。

(6) 编制可行性研究报告的委托合同。

(7) 其他有关依据资料。

2. 编制及主要内容

可行性研究报告（以下简称报告）是投资项目可行性研究工作成果的体现，是投资者进行项目最终决策的重要依据。为保证报告的质量，应切实做好编制前的准备工作，占有充分信息资料，进行科学分析比选论证，做到编制依据可靠、结构内容完整、报告文本格式规范、附图附表附件齐全，报告表述形式尽可能数字化、图表化，报告深度能满足投资决策和编制项目初步设计的需要。

(1) 可行性研究报告编制步骤。

①签订委托协议。可行性研究报告编制单位与委托单位应就项目可行性研究工作的范围、重点、深度、完成时间、经费预算和质量要求交换意见，并签订委托协议，据此开展可行性研究各阶段的工作。

②组建工作小组。根据委托项目可行性研究的范围、内容、技术难度、工作量、时间要求等组建项目可行性研究工作小组。一般工业项目和交通运输项目可分为市场组、工艺技术组、设备组、工程组、总图运输及公用工程组、环保组、技术经济组等专业组。为使各专业组协调工作，保证报告总体质量，一般应由总工程师、总经济师负责统筹协调。

③制定工作计划。其内容包括研究工作的范围、重点、深度、进度安排、人员配置、费用预算及报告编制大纲，并与委托单位交换意见。

④调查研究、收集资料。各专业组根据报告编制大纲进行实地调查、收集整理有关资料，包括向市场和社会调查，向行业主管部门调查，向项目所在地区调查，向项目涉及的有关企业、单位调查，收集项目建设、生产运营等方面所必需的信息资料和数据。

⑤方案编制与优化。在调查研究、搜集资料的基础上，对项目的建设规模与产品方案、场址方案、技术方案、设备方案、工程方案、原材料供应方案、总图布置与运输方案、公用工程和辅助工程方案、组织机构设置方案、实施进度方案及项目投资与资金筹措方案等，研究编制备选方案。进行方案论证、比选、优化后，提出推荐方案。

⑥项目评价对推荐方案进行环境评价、财务评价、国民经济评价、社会评价及风险分析，以判别项目的环境可行性、经济可行性、社会可行性和抗风险能力。当有关评价指标结论不足以支持项目方案成立时，应对原设计方案进行调整或重新设计。

⑦编写报告。项目可行性研究各专业方案，经过技术经济论证和优化之后，由各专业组分工编写。经项目负责人衔接协调综合汇总，提出报告初稿。

⑧与委托单位交换意见。报告初稿形成后，与委托单位交换意见，修改完善，形成正式报告。

（2）信息资料采集与应用。编制可行性研究报告应有大量的、准确的、可用的信息资料作为支持。一般工业项目在可行性研究工作中，应逐步收集整理、分析市场分析、自然资源条件、原材料燃料供应、工艺技术、场址条件、环境条件、财政税收、金融贸易等方面的信息资料，并用科学的方法对收集的资料进行整理加工。信息资料收集与应用一般应达到如下要求。

①充足性要求。占有信息资料的广度和数量，应能满足各方案设计比选、论证的需要。

②可靠性要求。对占有的信息资料的来源和真伪进行辨识，以保证可行性研究报告准确可靠。

③时效性要求。应对占有的信息资料的发布时间、时段进行辨识，以保证可行性研究报告，特别是有关预测结论的时效性。

（四）矿井可行性研究报告的主要内容及附图

1. 矿井可行性研究报告的主要内容

（1）总论。包括项目背景、项目建设的必要性，编制依据及研究范围，矿井建设条件评述，主要技术特征，主要问题与建议。

（2）井田概况及矿井建设条件。包括井田概况、矿井外部建设条件及评价、矿井资源条件、井田地质勘探程度及开采条件评价。

（3）市场预测。包括产品目标市场分析和产品竞争力分析。

（4）设计生产能力及服务年限。包括井田境界及资源储量、设计生产能力及服务年限。

（5）井田开拓与开采。包括井田开拓、井下开采和井下运输。

（6）通风与安全。包括瓦斯赋存状况分析和瓦斯涌出量预计、瓦斯抽采、矿井通风、井下主要灾害因素分析及防治措施。

（7）矿井主要固定设备。包括提升设备、通风设备、排水设备、压缩空气设备及其他设备。

（8）地面设施。包括地面生产系统，地面运输，工业场地总平面布置，供电，智能化系统，给水、排水，采暖，空调与供热，地面建筑。

（9）节能减排。包括项目能源消耗、节能措施、节水措施、减排措施、节能减排指标综合评价。

（10）资源综合利用。包括瓦斯利用，煤泥、煤矸石利用，井下排水与生活污水、废水利用，其他资源的利用。

（11）环境保护及水土保持。包括环境现状、环境保护与水土保持执行标准、项目建设和生产过程中环境影响因素、环境保护与水土保持措施、环境保护与水土保持投资估算、环境保护措施效果评价及存在问题。

（12）劳动安全、职业卫生与消防。包括职业危害因素分析，劳动安全、职业卫生保护措施，地面消防。

（13）组织机构和人力资源配置。包括法人组建方案及法人治理结构、人力资源配置。

（14）项目实施计划。包括建设工期、产量递增计划。

（15）投资估算与经济评价。包括投资估算、资金筹措、财务评价、经济费用与效益分析（可选）、不确定性分析、综合评价。

（16）风险分析。包括项目主要风险分析、防范和降低风险的对策、风险管理手段。

（17）社会评价。包括项目对社会影响的分析、项目对所在地互适性分析、社会评价结论。

（18）研究结论与建议。包括推荐方案总体描述、主要对比方案描述、结论与建议、主要技术经济指标。

2. 矿井可行性研究报告的附图

矿井可行性研究报告的附图如下：

（1）井田地质地形图 1：5000 或 1：10000。

(2) 地层综合柱状图 1 : 200。

(3) 主要可采煤层及初期有压茬关系煤层的底板等高线及储量计算图 1 : 5000 或 1 : 10000。

(4) 主要地质剖面图 1 : 5000 或 1 : 10000。

(5) 井田开拓方式 (推荐方案) 平面图 1 : 5000 或 1 : 10000。

(6) 井田开拓方式 (推荐方案) 剖面图 1 : 2000 或 1 : 5000。

(7) 采区巷道布置及机械配备平面图 1 : 2000 或 1 : 5000。

(8) 采区巷道布置及机械配备剖面图 1 : 2000。

(9) 前 20 年工作面接续关系图 1 : 2000 或 1 : 5000。

(10) 矿井地面总布置图。

(11) 工业场地总平面布置图 1 : 500 或 1 : 1000。

(12) 风井场地总平面布置图 1 : 500 或 1 : 1000。

(13) 三类工程 (井巷、土建、安装) 综合进度图、示意图。

(五) 矿井可行性研究报告的深度要求

(1) 编制依据充分，支撑文件齐全，符合矿井建设项目管理程序的规定。

(2) 全面体现煤炭工业产业政策，推进技术进步，实现合理集中生产、安全高效和经济合理的矿井设计原则。

(3) 对井田地质勘探报告和储量备案证明进行深入分析研究，并对井田地质构造、水文地质条件、煤层赋存条件、开采技术条件、勘探程度及资源储量的可靠性等作出具体评价，提出存在的主要问题和建议。

(4) 矿井井田范围、设计生产能力、井口及工业场地位置等主要技术原则，应在批准的矿区总体规划基础上进一步进行多方案经济技术比较后确定。

(5) 对矿井主要生产系统和主要设备选型进行多方案比选和论证。

(6) 对影响矿井建设、生产、安全、经济等突出因素进行分析，并提出对策。

(7) 对环境保护、节能减排和综合利用等工程进行分析论证，并选择合理方案。

(8) 对投资估算进行对比分析和合理性论证。投资估算应满足控制初步设计概算的要求，融资方案应能满足银行等金融部门信贷决策的需要。

原则上，可行性研究报告的编制深度应满足决策者定方案、定项目的要求。当委托书对可行性研究报告的编制深度另有要求时，可行性研究报告的编制深度应同时满足上述深度要求和委托书的要求。可行性研究阶段，投资估算的允许误差率为 ±10%，否则将难以对项目的工程造价起控制作用。可行性研究报告编制周期不宜少于 2.5 个月。在编制矿山可行性研究报告之前，应主动征求拟建项目所在省（自治区、直辖市）主管部门的意见与设想，共同研究，统一布置，从技术上、经济上全面论述与研究，确定拟建项目建设的可行性。

（六）经济评价指标的设定原则

评价工程项目经济效果的好坏，一方面取决于基础数据的完整性和可靠性，另一方面取决于选取的评价指标体系的合理性。只有选取正确的评价指标体系，经济评价的结果能与客观实际情况吻合，才具有实际意义。项目经济评价指标的设定应遵循以下原则。

（1）与经济学原理相一致的原则，即所设指标应该符合社会经济效益评价的需要。

（2）项目或方案的可鉴别性原则，即所设指标能够检验和区别各项目的经济效益与费用的差异。

（3）互斥型项目或方案的可比性原则，即所设指标必须满足共同的比较基础与前提。

（4）评价工作的可操作性原则，即在评价项目的实际工作中，确保这些方法和指标是简便易行而确有实效的。

（5）煤炭建设项目经济评价参数应根据国家与煤炭行业的发展战略和发展规划、国家的经济状况、资源供给情况、市场需求状况、煤炭行业投资经济效益、投资风险、资金成本及项目投资者的实际需要进行测定。煤炭建设项目经济评价参数的测定与选用应遵循同期性、有效性、谨慎性和准确性的原则，并结合项目所在地区、煤炭行业及项目自身特点综合确定。

（6）煤炭建设项目经济评价重在对事实与数据的分析，应避免主观随意性，不得简单套用参数。

(七) 经济评价指标分类

根据经济评价指标所考虑因素及使用方法的不同，可进行不同的分类，一般有以下 3 种分类方法。

1. 按指标在计算中是否考虑资金时间价值分类。

在工程项目经济评价中，按是否考虑资金的时间价值分类，经济效果评价指标分为静态评价指标 (不考虑资金时间价值) 和动态评价指标 (考虑资金时间价值) 两类。静态评价指标是在不考虑时间因素对货币价值影响的情况下，直接通过现金流量计算出来的经济评价指标。静态评价指标的最大特点是计算简便，主要用于技术经济数据不完备和不精确的项目初选阶段，或对计算期比较短的项目及对于逐年收益大致相等的项目进行评价。

动态评价指标是在分析项目或方案的经济效益时，要对发生在不同时间的效益、费用计算资金的时间价值，将现金流量进行等值化处理后计算出的评价指标。动态评价指标能较全面地反映投资方案整个计算期的经济效果，主要用于项目最后决策前的可行性研究阶段，或对计算期较长的项目以及逐年收益不相等的项目进行评价。静态评价指标的主要缺点是没有考虑资金的时间价值和不能反映项目整个计算期间的全面情况。因此，在对投资项目进行经济评价时，应以动态分析为主，必要时另加某些静态评价指标进行辅助分析。

2. 按指标本身的经济性质分类。

在工程项目经济评价中，按项目经济评价指标本身的经济性质可分为时间性指标、价值性指标和效率性指标三类。

（1）时间性指标：利用时间的长短来衡量项目对其投资回收清偿能力的指标。

（2）价值性指标：反映项目投资的净收益绝对量大小的指标。

（3）比率性指标：反映项目单位投资获利能力或项目对贷款利率的最大承受能力的指标。

(八) 煤炭建设项目经济评价的基本要求

建设项目经济评价是在项目决策前的可行性研究和评估过程中，采用现代经济分析方法，对拟建项目计算期（建设期和生产期）内投入、产出等诸多经济因素进行调查、预测、研究、计算和论证，选择推荐最佳方案作为决策的重要依据。建设项目经济评价是项目可行性研究的有机组成部分和重要内容，是项目决策科学化的重要手段。建设项目经济评价的基本要求包括下列方面。

1. 动态分析与静态分析相结合，以动态分析为主。

过去采用静态分析评价方法，不考虑投入与产出资金的时间价值，评价指标很难反映未来时期的变动情况。应该强调资金的时间因素，进行动态的价值判断，将项目建设和不同生产时间段上资金的流入、流出折算成同一时间的价值，从而为不同项目或方案的比较提供同等的基础。这对于投资者和决策者树立资金时间价值观念、资金回收观念有重要的作用。

2. 定量分析与定性分析相结合，以定量分析为主。

经济评价的根本要求是对项目建设和生产过程中的经济活动通过费用 - 效益计算，给出明确的数量概念，进行价值判断。过去由于缺乏必要的定量分析计算手段，对一些本应定量分析的因素，往往只能笼统地定性描述。应该强调，凡可量化的经济要素都应作出量的表述，一切工艺技术方案、工程方案、环境方案的优劣，都应通过数量将隐含的经济价值揭示出来。

3. 全过程效益分析与阶段效益分析相结合，以全过程效益分析为主。

经济评价的最终要求是看项目在整个计算期，包括建设阶段和生产经营阶段全过程经济效益的大小。过去由于基本建设和生产经营分属不同部门管理，在项目经济评价时，往往偏重于建设投资多少、工期长短、造价高低，而对项目投产后的经济效益重视不够。应该强调把项目经济评价的着眼点和归宿点放在全过程的经济效益分析上。

4. 宏观效益分析与微观效益分析相结合，以宏观效益分析为主。

对项目进行经济评价，不仅要看项目本身获利多少、有无财务生存能力，还要考察项目的建设和运营需要、国民经济或业主付出多大代价及其对国家的贡献。过去，往往偏重于项目自身的效益大小，以及地区、行业的发展需要，致使一些宏观得不偿失的项目也常常被通过。现行方法规定，项目评价分为财务评价与国民经济评价两个层次，当两层次的评价结论发生矛盾时，一般情况下，应以国民经济评价的结论为主。

5. 价值量分析与实物分析相结合，以价值量分析为主。

不论是财务评价还是国民经济评价，都要设立若干实物指标和价值指标。过去在评价时，往往侧重考虑生产能力、实物消耗、产品产量等实物指标。应从发展社会主义市场经济前提出发，把投资因素、劳动因素、时间因素等都量化为资金价值因素，对任何项目或方案都用可比的价值量去分析，作为判别和取舍的标准。

第二节 井田划分

井田划分是确定矿区建设规模与矿区布局的基础，也是合理开发煤炭资源、取得稳定发展和较好经济效益的重要条件，因此井田划分是矿区开发设计的一项重要任务。为了做好井田划分，在对矿区特点分析的基础上结合矿区总体规划设计原则，编制体现矿区特点的井田划分方案，通过技术经济比选和综合论证后，推荐井田划分主导方案。

一、划分原则

将煤田划分为井田是矿区总体规划设计的一项重要任务。划分时要保证各井田都有合理的尺寸和境界，使煤田各部分都能得到合理的开发。井田划分应根据地质构造形态、煤层赋存条件、资源储量与煤质分布状况、开采技术条件、水文地质条件、地形地貌和地物特征及外部建设条件，并结合矿井规划生产能力及开拓方式等因素，综合分析比较确定。

实际的井田范围与形状差异很大，划分时一般应遵循以下原则。

(一) 地质条件原则

根据矿区的煤层赋存条件、构造形态、煤质分布、开采技术条件及地形、地物特征等因素来划分井田。这是划分井田最基本的原则。

(二) 开发强度原则

根据地质条件和国家对煤炭的需求量可以初步确定矿区的开发强度。

在一般情况下，矿区开发强度大则意味着矿井数目多、井田尺寸小、储量动用系数大、服务年限短；反之，开发强度小则意味着矿井数目少、井田尺寸大、储量动用系数小、服务年限长。井田尺寸决定了划分采区的数目，而采区数目、产量、服务年限又是保证矿井正常生产和衡量采区接替紧张与否的依据。

(三) 全局关系原则

划分井田时，必须处理好与相邻井田的关系，包括矿井与露天矿、生产矿井与新建矿井、浅部矿井与深部矿井及新建矿井相互之间的关系，不要因为一个井田的划分而影响另一个井田的合理境界 (如形成单翼开采，或上下煤层开采的相互影响等)。

1. 根据最大经济合理剥采比划定露天矿与矿井境界。

2. 划定生产矿井与新建矿井、浅部矿井与深部矿井的境界时，应该适当考虑留有矿井发展余地。

3. 划分井田时，应该考虑井筒 (平硐) 位置的选择，使其有利于井田开拓、采区准备及生产管理。

4. 划分井田时，应尽可能将地质条件好的区域与差的区域搭配开，以便保证每个矿井都能较快地达到设计产量并有足够的均衡生产时间。

(四) 后备区原则

在有条件的矿区，可划出一部分备用储量作为后备区，以适应地质情况的变化，或为将来单独建井及扩大邻近矿井的生产能力做准备。

(五) 直 (折) 线原则

划分井田时，井田境界线应尽量取直线或折线，不取或少取曲线，尤其是不要取小曲率曲线，以方便设计和生产管理工作。

(六) 经济效益原则

划分井田时，应力求使各矿井的井巷工程量少、投资省、建设工期短，达到设计产量时间短、生产作业环境好、安全性好、企业利润大。

二、井田划分方法

根据矿区特点、总体规划和井田划分原则，一般按自然境界和人为境界划分井田。

(一) 按自然境界划分井田

1. 按地质构造划分。

利用断层、褶曲轴、岩浆岩侵入带、古河床冲刷带、无煤带等地质构造作为井田的自然境界，是设计中最常用的井田划分方法。

2. 按煤层赋存形态划分。

为了有利矿井生产管理、巷道布置和减少采煤方法的多样性，一般常将产状不同的煤层区域分别划分为不同井田。

3. 按煤层组与储量分布情况划分。

根据煤层组（煤层）与储量分布情况划分井田，煤层生产能力高、储量多且集中的区域一般适于建设大型或特大型矿井，煤层生产能力低、储量少且分散的区域一般适于建设中小型矿井。

4. 按煤种、煤质分布规律划分。

在煤种、煤质变化比较大的矿区，为了保证煤种、煤质和减少同一矿井煤种的种别，降低因分采分运与加工而造成的生产系统与设施的复杂性，可利用煤种、煤质的分界线作为井田境界。

5. 按地形、地物界线划分。

当遇到地面有河流、铁路、城镇等需要留设保护煤柱的区域时，应尽量利用此类保护煤柱线作为井田划分的境界，以降低煤炭损失，减少开采技术困难。

(二) 按人为境界划分井田

在没有可利用的自然境界因素时，可采取人为境界划分井田。在此情况下，应根据煤田资源分布、煤层开采条件、技术装备与管理水平、矿区外部开发条件和建设方针等因素。

人为境界划分井田应当保证开采工作的方便，条件允许时应尽量考虑建设高产高效大型矿井，实现经济增长方式的转变。采用人为境界划分井田的方法主要有按水平标高划分、按地质钻孔连线划分、按经纬线划分、按勘探线划分4类。

三、井田尺寸参数

（1）井田尺寸及资源储量应与矿区开发强度、矿井规划生产能力及服务年限相适应。如属以自然境界和地面重要建（构）筑物划分的井田，其尺寸是既定的，要使其服务年限符合规定，要能调整矿区开发强度和矿井的规划生产能力。沿走向延展的井田必须有适当的走向长度。经验表明，大型矿井的井田走向长度不宜小于8km，中型矿井的井田走向长度不宜小于4km。沿倾斜延展的井田也必须有适当的倾斜宽度。

（2）有条件的矿区，当技术可行、经济合理时，宜留设一部分井田或勘查区作为后备区。为了适应地质条件变化或矿区生产发展，提倡有条件的矿区，当技术可行、经济合理时，宜留设后备区。其规划生产能力和开采年限不计入编制规划时的矿区建设规模和矿区服务年限之中。有条件的矿区，通常指矿区范围较大，矿区资源/储量较丰富，矿区内的勘查区勘查程度较低，规划矿区有较适当的近期建设规模和服务年限。井田尺寸是井田划分的重要参数，对矿井布局和经济效益都有重要作用。影响井田尺寸的主要因素有井型、矿井和水平服务年限、开采煤层厚度、运输和通风等。随着开采技术、设备的进步和发展，生产集中化和矿井大型化成为煤炭工业的发展方向。矿井生产日趋集中化，井型日趋大型化，实现了只用1个或2个综采工作面，保证矿井（5.0～10.0）Mt 的年产量。

为了适应高产高效大型矿井的建设需求，井田尺寸一方面在技术设备进步推动下有明显的扩大，另一方面在矿井开拓方式上分区开拓和综合开拓（主斜副立）的应用为井田尺寸的扩大创造了重要条件，并在一定程度上成为建设大型和特大型矿井的技术方向。关于井田尺寸的数学分析方法，由于资料数据的限制及影响因素非常复杂，数学分析方法在实际工作中难以应用。一般在具体方案比较中结合井田地质与自然条件及技术等因素，依吨煤建设费用和吨煤生产成本最小的原则，进行综合分析确定。

第三节　矿井设计生产能力

一、矿井井型

矿井井型是依矿井设计生产能力大小划分的矿井类型。分大型矿井、中型矿井、小型矿井3种。论证矿井设计生产能力应符合下列规定。

（1）新建矿井设计生产能力，应进行第一开采水平或不小于20年配产。

（2）新建和扩建矿井配产均应符合合理开采程序，厚、薄煤层及不同煤质煤层合理搭配开采，不应采厚丢薄。

（3）同时生产的采区个数及采区内同时生产的工作面个数应体现生产集中原则，并保证采区及工作面合理接替。

（4）改建后的矿井设计生产能力应在原设计生产能力或核定生产能力的基础上，按上述规定升1级级差。扩建后的矿井设计生产能力应在原设计生产能力或核定生产能力的基础上，按上述规定升2级或2级以上级差。

（5）矿井设计生产能力宜按年工作日330d计算，每天净提升时间宜为16h。

（6）矿井设计生产能力宜以一个开采水平保证。

二、影响矿井设计生产能力的主要因素

（一）资源储量

资源储量是井田范围内供开采的煤炭及其他矿产资源的数量。它是确定矿井设计生产能力的基础，以保证有足够（规定）的矿井和水平服务年限。资源储量是矿井建设的重要依据，它的大小取决于井田面积、可采煤层层数和厚度。依据地质可靠程度和相应的可行性评价及获得的不同经济意义。

（1）矿井地质资源量。勘探地质报告提供的查明煤炭资源的全部。包括探明的内蕴经济的资源量331、控制的内蕴经济的资源量332、推断的内蕴经济的资源量333。

（2）矿井工业资源储量。地质资源量中探明的资源量331和控制的资源量332、经分类得出的经济基础储量121b和122b、边际经济的基础储量2M21和2M22、地质资源量中推断的资源量333的大部分。资源量333的大

部资源储量为资源量 333 × K（K 为可信度系数，取 0.7 ~ 0.9。地质构造简单、煤层赋存稳定的矿井，K 值取 0.9；地质构造复杂、煤层赋存不稳定的矿井，K 值取 0.7）。

（3）矿井设计资源储量。工业资源储量减去设计计算的断层煤柱、防水煤柱、井田境界煤柱、地面建（构）筑物煤柱等永久煤柱损失量后的资源储量。

（4）矿井设计可采储量。矿井设计资源储量减去工业场地和主要井巷煤柱的煤量后乘采区采出率。

（二）地质和开采条件

地质和开采条件是确定矿井设计生产能力的基本条件。根据我国矿区生产建设实践和经验，对于煤田范围广阔、储量丰富、地质构造简单、煤层生产能力大、开采技术条件好的矿区，宜建设大型矿井。对于地质构造比较复杂、储量不是很丰富、煤层生产能力不大或储量较丰富，但多为薄煤层、开采条件较差的矿区，宜建设中小型矿井。此外，煤层瓦斯涌出量、煤与瓦斯突出与否，冲击地压、涌水量与突水威胁及自然发火等因素均制约着矿井设计生产能力，设计时必须综合考虑这些不利因素对矿井设计生产能力的影响。为了实现生产集中化，提高经济效益，减少初期工程量和基建投资，为实现早投产，根据地质和开采条件，一般以一个开采水平保证矿井设计能力，且每翼同时生产的采区数目一般不宜超过 2 个。

（三）技术装备与管理水平

技术装备是提高矿井生产能力的技术手段。矿井设计生产能力的基础是采煤工作面的单产和数目，技术装备水平不同，采煤工作面的单产水平就不同。当前我国普通机械化采煤工作面单产水平为 0.3 ~ 0.6Mt/a，普通综合机械化采煤工作面单产水平为 0.9 ~ 1.5Mt/a，大功率高产高效综采工作面单产水平为 3.0Mt/a 以上。例如，设计一个年产 3.0Mt 的矿井，只需装备 1 个高产高效工作面，而装备普通综采工作面则需 2 ~ 4 个。

技术装备的选择要与具体矿井煤层地质条件的开采工艺性相适应，在很大程度上反映了技术与地质因素的综合影响。在近代煤矿发展阶段，矿井提升、运输、通风等主要设备的能力低下曾是制约矿井生产能力的主要障碍。随着现代采矿设备的发展，上述因素已经不再成为技术上限制矿井生产能力的因素。管理水平对矿井设计生产能力发挥有着重要作用，应重视培训。在设计确定矿井设计生产能力时，对技术装备与管理水平应充分考虑科学技术进步的因素。

(四) 矿井与水平服务年限

矿井井型及其服务年限选择是否合理，对于矿区建设和矿井能否迅速投产、投产后能否发挥投资效果都非常重要。为了获得较好的技术经济效果，实际操作时要求两者相适应，即在储量一定或在可以扩大的条件下，矿井的生产能力和服务年限都应比较大或同步增长，大型矿井的服务年限要长一些，中小型矿井的服务年限可以适当短一些。这是由于大型矿井装备水平高，基建工程量大，吨煤生产能力投资高，为其服务和配套的企业规模大，对国民经济影响大。为了发挥这些投资效果，实现矿区均衡生产，充分发挥附属企业的效能，避免出现矿井接续紧张，大型矿井的服务年限应长一些，而小型矿井则相反。合理的矿井服务年限应在开采合理的条件下，做到吨煤成本低、经济效益好。

(五) 国家和市场对煤炭的需求与经济效益

国家或地区经济发展需要 (或国内外市场需求) 是确定矿井设计生产能力的重要前提，有市场才有经济效益。根据矿井自身条件，当其可能的生产能力比较大，远超过市场需求时，应降低矿井设计生产能力，留有后期改扩建条件或实行分期建设。反之，根据矿井自身条件，当其生产能力不适应建设和市场需求时，应根据地质开采条件，经济合理地确定矿井设计生产能力。经济合理主要指吨煤基建投资少、建设周期和达产时间短、吨煤生产费用低、利润高、投资回收期短等。在市场经济条件下，要保证最少投入，获取最大的产出和效益。为此，设计应努力减少井巷工程量，改革开拓部署、多做煤巷，缩短井巷贯通距离，积极采用先进工艺、技术、设备和材料。矿井设计生产能力应根据资源条件、外部建设条件、国家对煤炭资源配置及市场需求、开采条件、技术装备、煤层及采煤工作面生产能力、经济效益等因素，经多方案比较后确定。我国西部有些矿区，由于西电东送的实施带来了煤炭资源开发就地发电的市场条件，且资源条件好，可建设和大型发电厂相匹配的大型矿井。我国东部矿区因地理位置的优势，只要开采条件允许，特别是安全开采条件允许，符合国家资源合理配置的宏观政策，储量和服务年限符合设计规范要求，则设计生产能力宜大不宜小。

第四节　矿区建设规模与均衡生产服务年限

一、矿区建设规模一般规定

(一) 规模划分

矿区建设规模是指矿区均衡生产的规模，均衡生产期间其矿区产量波动幅度不宜大于15%。

(二) 划分方式

矿区建设规模应根据资源条件、外部建设条件、环境承载能力、国民经济和区域经济发展需要、市场需求、投资效果和矿区服务年限等因素，经技术经济分析论证后确定。对于储量丰富、埋藏浅、构造简单、开采技术条件好的煤田，应建设大型或特大型矿井，也可同时建设一批小井，如鹤岗、大同、平顶山等矿区。对于煤层赋存较深、冲积层厚、建井条件困难且储量丰富的煤田，应建设大型或特大型矿井，如开滦、平朔、兖州、潘谢、潞安等矿区。对于煤层赋存较浅、储量较少或地质条件、地形地貌复杂的煤田，应建设中、小型矿井，如四川松藻等矿区。

(三) 资源储量备用系数

计算矿区各矿井的服务年限时，资源储量备用系数应根据地质条件及勘查程度确定，矿井宜取1.4～1.6，露天矿宜取1.1～1.3。实际上，地质情况及生产情况千差万别，采用的资源储量备用系数变化较大，在设计工作中可以根据实际情况适当调整。地质构造简单、煤层稳定的矿井采用的资源储量备用系数可小于1.4，地质构造复杂、煤层不稳定的矿井采用的资源储量备用系数可大于1.4。

二、矿区建设规模确定的原则

(一) 资源条件

资源条件是指煤田范围、煤层赋存条件、储量、地质构造、水文地质、地形地貌、开采技术条件等。对于储量丰富、煤层赋存较浅、地质构造及水文简单、开采技术条件较好的煤田，应以建设大型和特大型矿井为主，兼顾建设一批中小型矿井，形成大、中、小矿井相结合的矿区。

(二) 外部建设条件

外部建设条件包括矿区所处地理位置、矿区运输、供电、供水、信息网、建材供应、邻近矿区生产建设经验等，受外部建设条件制约时，矿区规模应适当缩小。

(三) 国民经济或区域经济发展需要

这是矿区开发建设的前提和确定矿区建设规模的重要依据。要根据国家经济发展计划对煤炭的需求量(包括产量、煤种、煤质)，特别要认真调查和预测区域经济发展计划对煤炭的需求量。在条件允许的范围内，应尽量满足国民经济或区域经济发展的需要，以确定合理的矿区规模。不调查、不研究、盲目建设会给国家和企业带来巨大经济损失。

(四) 投资效果

投资效果好是企业追求的目标，建设投资少、施工工期短、生产成本低、生产效率高、投资偿还期短的矿区可适当加大矿区建设规模，反之，应缩小。在确定矿区建设规模时，还应考虑留有扩建发展的条件。

三、矿区均衡生产服务年限

矿区均衡生产服务年限是指矿区年产量长期保持建设规模的生产年限，

是决定矿区建设规模的重要原则和依据。矿区建设规模偏大，均衡生产服务年限就偏短；矿区建设规模偏小，均衡生产服务年限就偏长。为了保证矿区能够较长时期地均衡供应煤炭，使矿区的综合设施和建筑物等有合理的服务年限，发挥矿区工程的投资效益，保证矿区建设规划布局的合理性和稳定性，矿区必须有合理的均衡生产服务年限。

四、矿区均衡生产服务年限确定方法

矿区均衡生产服务年限可由编制的矿井开发顺序及产量规划表求出。编制矿井开发顺序及产量规划表的方法是将矿区中每个矿井按建设的先后顺序逐次排出施工准备时间、建井时间及逐年的产量规划横格数字表。从表中可以求出矿区均衡生产服务年限，也可以看出矿区产量递增年限、产量递减年限和矿区整个服务年限。

矿区服务年限为矿区从第一对矿井建成投产至矿区最后一对矿井报废的整个生产年限。矿区产量递增年限为矿区第一对矿井建成投产至达到矿区建设规模的85%产量间的年限。矿区均衡生产年限为矿区产量长期保持建设规模不低于85%的产量的生产年限。矿区产量递减年限为矿区产量从低于矿区建设规模的85%产量至最后一对矿井报废的年限。矿区开发规划要求矿区产量递增年限（达产期）和矿区产量递减年限（减产期）应尽量缩短，矿区均衡生产年限（稳产期）应尽量加长。

第五节　矿区开发顺序

一、矿区建设顺序编制依据

矿区开发顺序应根据国民经济和区域经济发展需要、市场需求、外部建设条件、矿井（露天矿）开采条件、矿区勘察程度及勘察工作安排顺序、矿区和矿井（露天矿）的综合经济效益等因素，综合分析确定。

（1）国民经济和区域经济发展需要及市场需求。符合国民经济发展和区域经济发展对煤炭产量、煤种质量的市场需求，促进整个国民经济的发展。

（2）外部开发条件。其他条件相同，外部开发条件相差较大时，应先

建设交通、电源、水源、场地条件好，并容易落实的矿井，以缩短施工准备期。

（3）矿井（露天矿）开采条件。矿井建设过程中，应优先开采那些开采条件好的井田，通过前期开采的经验积累，可为后期开采条件复杂的井田做好准备。

（4）勘探程度及勘察工作安排顺序。矿井建设顺序应考虑地质部门提交精查地质报告的时间顺序，矿井初步设计应以精查地质报告作为设计依据。

（5）矿区和矿井（露天矿）的综合经济效益。在市场经济条件下，应以矿区投资的最佳经济效益来安排矿井建设顺序。在矿区建设期内，以矿区及矿井（露天矿）的综合经济效益为目标，以矿区资源为约束条件，从实际出发，统筹考虑，综合分析，编制出符合实际的矿井建设顺序。

二、矿区建设顺序的基本原则

（1）同一矿区内有露天矿和井工矿时，宜先开发露天矿，后开发井工矿。当煤田沿倾斜方向划分数个井田时，宜先开发浅部矿井，后开发深部矿井。

（2）同一矿区内有平硐、斜井和立井开拓方式时，宜先开发平硐、斜井，后开发立井。

（3）同一矿区内，应优先开发地质构造简单、煤层赋存稳定、开采技术条件简单、外部建设条件好、施工条件简单的矿井（露天矿），后开发地质条件复杂、外部建设条件差、施工条件复杂的矿井（露天矿）。

（4）矿区内有不同的煤类和煤质时，应先开发具有国家和市场急需的煤类、煤质的矿井（露天矿）。对于国家规定实行保护性开采的特殊和稀缺煤类，应实行有计划的开采。

第六章　矿井岩巷掘进技术

第一节　岩巷掘进机械化作业线

一、主流岩巷掘进机械化作业线介绍

目前，煤矿岩巷掘进一般采用钻爆法和岩石掘进机机掘法。岩石掘进机需要的断面较大，使用成本较高，对于大多数矿井的普通断面经济性不高，本文中不作讨论。多数矿井还是普遍应用钻爆法掘进，使用几种设备组成机械化掘进作业线。

(一) 主要岩巷掘进设备

煤机市场上大量供应用于钻爆法掘进的岩巷掘进设备主要有以下几大类：钻孔设备主要有煤矿用液压钻车（又称"凿岩台车"，以下简称"钻车"），也有少数矿使用锚杆作业车兼做钻炮孔和锚杆孔使用，装运设备主要有耙斗式装载机（以下简称"耙装机"）、煤矿用侧卸式装岩机（以下简称"侧卸车"）、煤矿用挖掘式装载机（以下简称"扒装机"）和集钻孔与装运于一体的综合掘进设备煤矿用钻装机（以下简称"钻装机"）等。其中钻孔设备以钻车为主，装运设备主要使用侧卸车和扒装机。

(二) 影响岩巷掘进速度的主要因素

各矿的钻爆法工艺流程虽不尽相同，但从使用情况看，目前在应用的各种岩巷掘进机械化作业线，其装药爆破时间大致相同，要使作业线发挥最大的效益，均应该从缩短钻孔时间、提高装载效率和缩短矸石转运时间三方面来考虑。

1. 缩短钻孔时间。

许多煤矿都开始使用钻车代替风锤进行炮孔的钻凿作业，缩短了钻孔

作业的时间。

2. 提高装载效率。

提高装载效率首先应根据所掘进巷道的条件和设备供应情况，尽量选用高效能的装载设备，实现连续装运。

3. 缩短矸石转运时间。

有了高效率的装载设备，必须配备高效能的转运设备，使转运设备的能力与装载设备的能力相互协调，才能充分发挥机械设备的效率。

（三）主流岩巷掘进机械化作业线

近年来，国内各主要煤矿均大量采用钻车加扒装机或侧卸车配套使用的作业线，该机械化作业线可以有效缩短钻孔时间、提高装岩效率，配合大功率皮带机、刮板机或矸石仓等缩短矸石转运时间，达到提高掘进速度的目的。以下是6种典型的配套作业线形式。

（1）钻车打孔、爆破，后由耙装机装矿车。此种方式由于耙装机工作情况限制，除矸效率低，且耙装机上的钢丝绳存在极大的安全隐患，国家相关法规也对耙装机的使用做出严格的限制，目前已逐步被淘汰。

（2）钻车打孔、爆破，后由侧卸式装岩机把矸石装运到矿车、皮带机或刮板机上。由于侧卸车具有机动灵活、除矸彻底、效率高等特点，目前应用量很大。这种配套形式的缺点是钻车和侧卸车在工作切换时需要在巷道内错车，错车时还要让开矿车、皮带或刮板机，需要的巷道宽度较宽，并且由于侧卸车行走频繁，对电缆、水管、风管等管路的保护要求较高。

（3）钻车、扒装机配套皮带运输系统。这种配套形式是由钻车、扒装机配套皮带运输系统，将矸石通过二运皮带转载到井下的大皮带运输系统，从而实现矸石的连续运输。这种配套形式由于扒装机可停在皮带前方，错车时需要的巷道宽度比钻车和侧卸车配合要窄一些，作业过程中需要给在主皮带运输机上给二运皮带的龙门架铺设一定距离的轨道来实现安全躲炮距离。

（4）钻车、扒装机配套矿车运输系统。这种配套形式是由钻车、扒装机配套矿车运输系统，将矸石通过二运皮带转载到矿车进行运输作业，这种作业形式需要的配套设备较少，维护工作量较小。但其出矸效率需要靠矿车的调动效率和整个矿井的运输能力来保证。

（5）钻车、扒装机配套皮带＋矸石仓运输系统。这套岩石作业线的工艺流程是：钻车打孔爆破后由挖掘装载机牵引二运转载机挺进工作面，由挖掘装载机通过运输槽将矸石转运到二运转载机上，再由二运转载机将矸石转运到皮带机上运到矸石仓，通过耙矸机将矸石装入矿车。该方案可充分利用原巷道的耙矸机等设备，矸石仓可采用下挖式或者木板围挡，矸石仓大小可根据爆破量灵活调整，进行有效的运输缓冲，矸石仓内的矸石可在任意时刻装运，不受井下矿车调度和运输能力的制约。此作业线可以充分发挥挖掘装载机连续装矸的优点，整套设备在巷道内可布置灵活，从皮带机、矸石仓处可以实现拐弯布置，适应各种巷道。

（6）钻装机配套二运＋矿车或皮带运输系统。钻装机可同时实现钻孔和装载功能，先打孔、爆破，然后除矸，通过二运直接装矿车或经皮带输送到矸石仓再装矿车，迎头设备少，不用错车，各种管路也减少，更加适应窄低巷道的作业环境。

二、主流作业线效率分析

以上是目前主流应用的岩巷掘进机械化作业线介绍，这些设备的应用大大提高了岩巷掘进单进水平，不同程度地实现了岩巷的快速掘进。各煤矿根据自身生产实际情况，可选择相对自身条件最经济、最高效的作业线。

第二节　液压钻车作业线

随着采煤机械化程度的不断提高及采煤新工艺的推广应用，矿井采掘持续的紧张局面越来越突出。而岩巷综合机械化水平不高，单进一直无法得到提高，严重制约工作面的准备时间，采掘衔接紧张的问题日益凸显。如何利用新设备和技术，提高掘进速度，实现安全快速掘进，是值得人们进行探索和研究的问题。

一、工艺流程

安全检查→倒、出矸→侧装机平底→液压钻车进至迎头→钻车打眼→

挂防护网→找顶、清底→扫眼、装药、联线→警戒、爆破、通风→安全检查→顶部锚网支护→喷浆。

二、实施方式

组建液压钻车＋耙矸机＋皮带机＋组合式水平矸石仓＋新型液压绞车（辅助运输）作业线。采用液压钻车按照点好的眼位进行打眼，装药前退出钻车至安全地点。放炮后进行顶部临时支护，然后进行拱部永久支护。耙矸机进行倒矸、出货，两帮打锚杆进行支护，最后喷浆成巷。巷道断面较大，矸石量大，为此建立了适合液压钻车作业线的快速排矸系统，即迎头采用耙矸机出矸，后接皮带机，在皮带机头建水平矸石仓（长度约30m，存矸量约100m³），实现了矸石快速连续装运，提高了系统的排矸能力。

三、主要技术措施

（1）优化爆破参数及装药方式等。采用中深孔爆破技术，双楔形斜眼掏槽，一阶掏槽斜眼深度为1.8m、6个，二阶掏槽斜眼深度为2.5m、4个，其他炮眼深度为2.3m，增加三个中空眼深度为2.5m。采用高威力水胶炸药，反向装药。应用光面爆破技术，提高打眼质量。使用炮泥机制作炮泥，提高炮眼封堵质量。单循环进尺为2.1m，炮眼利用率达到91%以上。

（2）合理选择支护参数。根据全断面砂岩岩性坚硬且整体性好的围岩条件，拱部锚杆间排距为800mm×800mm，帮部为900mm×900mm。

（3）对设备进行技术创新。改进电缆拖动方法，采用"滑轮＋慢绞"电缆拖动法，实现了电缆自动滑行，解决了传统电缆拖动方法存在的问题并减少了用工。对液压钻车部分零件加以改进，为便于现场操作方便，对操作手柄方向及位置进行了改进，将左、右臂供水系统方式改为各自单独供水，还对液压凿岩机经常出现问题的侧注水和蓄能器进行了改进。

四、效益

(一)掘进效率

传统炮掘迎头需要采用4部风锤打眼，安排5～6人在迎头作业；采用液压钻机作业线，迎头仅需要 2 名钻臂司机和 1 名监护人员，大幅减小迎头作业人员。该巷道传统炮掘月单进在 40m 左右，采用液压钻车作业线月单进为 50～60m，掘进效率大幅提升。

(二) 安全效益

液压钻车机械化作业线的组建避免了"贴身近战"，安全系数大幅度提高。一是施工人员远离迎脸作业，避免了炮掘打眼贴近迎脸作业带来的安全威胁；二是司机使用 2 部钻臂，避免了传统的风锤打眼迎头人员密集交叉作业的弊端，极大地提高了安全系数。

五、液压钻车的优点

(一) 安全性高

使用液压钻车钻眼人员在迎面后 5m 位置操作，完全在支护巷道下操作，故操作人员安全性较风动凿岩机施工高。自该机械化作业线投入使用以来，未发生打炮眼作业导致的人身伤害事故。

(二) 用时少

采用液压钻车打炮眼 (双臂)，打眼快，目前液压钻车打炮眼 74 个约需 100 分钟。1.5m/min，打眼环节用时少，相对于过去的凿岩机效率高 2 倍以上，钻车可一次打全炮眼，不需要打交班眼，能够真正意义上地完成循环作业。

(三) 大循环作业

由于该钻车钻杆可配套使用最长为 3150mm 钻杆，因此可一次性爆破进尺 2400mm 以上，而使用风动凿岩机钻孔最多能进尺 1600～1800mm，因此使用液压钻车施工增加了循环进度，提高了生产效率。

(四) 降低劳动强度

劳动强度低，钻炮眼用工少，风动凿岩机钻炮眼需 4 部凿岩机，7 人。目前，凿岩钻车钻眼只需 2 人，边打眼边观察周围岩性变化，节省人员可从事其他工作。击应力平缓，传递效率高，钻杆和钻具能节省15%～20%。所有运动状态都在液压油中进行，润滑条件好，延长设备使用寿命。

(五) 职业危害小

粉尘少，噪音低，环境舒适度较风动凿岩机施工高。由于液压凿岩不必排出废气，因而没有废气所夹杂的油污所造成的对环境的污染，提高了工作面的能见度，改善了操作环境。液压凿岩除金属撞击声外，无废气排放声音，故比风动凿岩噪声可降低5～10分贝。

第三节　气腿式凿岩机作业线

一、气腿式凿岩机介绍

(一) 手持式凿岩机

手持式凿岩机是没有气腿或支架、凿岩时需用人手扶持操作的凿岩机。它的冲击能和转矩较小，凿岩速度较慢，只能钻凿较小直径 (炮孔直径小于40mm) 和较浅 (深度小于3m) 的炮孔。手持式凿岩机使用简单方便，但需要用很大的力量扶持，劳动强度大，同时剧烈的振动直接传给工人的身体，使人很容易疲劳，并影响凿岩效率。目前，手持式凿岩机已被手持气腿两用式凿岩机所取代，只用于个别凿岩数量较少或向下凿岩的场合。

(二) 气腿式凿岩机

气腿式凿岩机是由手持式凿岩机配以专用气动支腿演变而来的，气腿用来支持凿岩机的重量，并给其轴推力。它的凿岩效率比手持式凿岩机高，并可减轻操作者的劳动强度。气腿式凿岩机适合在各种岩石上钻凿水平或倾斜炮孔，最大炮孔直径为45mm，最大炮孔深度为5m，广泛用于各种场合的凿岩作业。

(三) 气腿

气腿是一个可伸缩金属套筒的气缸，与凿岩机用销轴铰接，二者可以分开。改变它的角度或气压便可控制支持凿岩机重量的力与轴推力的大小。

(四) 注油器

凿岩机的注油器实行自动润滑，要求注油器的供油稳定，不得因机器振动而使油量发生变化。它分为悬挂式、落地式和固定式三种。轻型凿岩机采用悬挂式注油器，它装在进气管的弯头处，贮油量较小。

二、气腿式凿岩机作业线

国产气动凿岩机采用了近代凿岩机的新型结构，设集中控制、气水联动、自动注油气腿自动缩回等装置。凿岩机具有冲击、转钎和排粉三个基本环节。压缩空气通过配气阀交替作用于活塞两端，形成压差，使活塞在缸体内作往复运动。在冲击行程时，活塞撞击钎尾，冲击功通过钎杆由钎头作用在岩石上。回程时，活塞上的螺旋槽与棘轮啮合，带动转动套、钎尾套，使钎杆旋转一定角度。凿岩机就这样周而复始地工作。常用的气动凿岩机的基本构造相似，只是配气及转钎机构部分不同。

(一) 凿岩机的构造

凿岩机由气缸－活塞组件、配气装置、钎杆回转机构、操纵阀及冲洗－吹－压缩空气机构等组成。凿岩机可分解成柄体、缸体和机头三大部件，它们由两根连接螺杆连接在一起。柄体包括把手、操纵手柄、操纵阀、调压阀、注水阀、水针、压气管和水管接头、棘轮、螺旋棒棘轮爪、塔形弹簧等。缸体包括活塞、配气装置、螺旋母、导向套、消声罩等。消声罩是由弹性橡胶制成的，用以降低凿岩机工作时的噪声，并可根据需要改变排气方向。机头包括转动套、钎套筒、钎卡等。操纵手柄和气腿伸缩手柄集中在缸盖上。凿岩时，将钎杆插入机头的钎套筒中，并借助钎卡支持。冲洗炮孔的压力水是气水联动的，只要开动凿岩机，压力水就会沿着水针进入炮孔冲洗岩粉，并冷却钎头。

(二)冲击配气机构作业

冲击机构由气缸、活塞及配气系统组成。配气系统是控制压缩空气反复进入气缸后腔和前腔的机构。配气系统可自动变换压缩空气进入气缸的方向,使活塞完成往复运动,即冲程与回程。

1.活塞冲程(冲击行程)

活塞冲程是指活塞由缸体后端向前运动到撞击钎尾的整个过程。冲程开始时,活塞在缸体后端,阀在最后位置。当操纵阀转到运转位置时,压缩空气经柄体通过操纵阀气孔经缸盖气室、棘轮孔道、阀柜孔道、环状气室和配气阀前端阀套孔进入气缸的后腔,作用在活塞的后端面,而活塞的前腔则经排气口与外界相通。活塞在压气作用下迅速向前运动,直至撞击钎尾。当活塞前端面越过排气口后,气缸的前腔被封闭,前腔内的剩余气体被活塞压缩,压力逐渐升高。经回程孔道,前腔与配气阀后端气室相通,于是气室内的压力也随着活塞继续向前运动而逐渐增高,有推动配气阀向前移动的趋势。当活塞后端面越过排气口后,气缸的后腔与外界相通,气压骤降。这时作用在配气阀后面的余气压力大于其前面的压力,配气阀迅速向前运动,并与前盖靠合,切断了通往后腔的气路。与此同时,活塞借惯性向前运动,撞击钎尾。冲程结束,开始回程。

2.活塞回程(返回行程)

回程开始时,活塞及配气阀均处于最前位置。压缩空气经缸盖气室、棘轮孔道、阀柜孔道及阀柜与阀的间隙、气室和回程孔道进入气缸的前腔,而气缸的后腔则经排气口与外界相通,因此活塞开始向后运动。当活塞后端面越过排气口后,活塞将压缩气缸后腔的剩余气体,使其压力逐渐升高,并使配气阀前面的余气压力增高,有推动配气阀向后移动的趋势。当活塞前端面越过排气口后,气缸的前腔与外界相通,气压骤降,并使气室内的气压也骤降。这时作用在配气阀前面的压力大于后面的压力,配气阀被推向后运动,与阀柜靠合,切断通往气缸后腔的气路,打开通往气缸前腔的气路。此刻活塞回到缸体后端,结束回程。气体再次进入气缸的后腔,开始下一个活塞冲程。压缩空气如此通过配气系统推动活塞做高速往返动作,工作的废气则由消声罩排出。此外,配气机构还有蝶阀配气装置和无阀配气装置,后者多用于高频凿岩机。

3. 转钎机构的作业线

转钎机构贯穿于气缸和机头中。转钎机构由环形棘轮、棘爪、螺旋棒、活塞柄 (其大头端装有螺旋母)、转动套及钎套筒等组成。环形棘轮用键固定在柄体上，它的内侧有棘齿，与螺旋棒大头端镶的棘爪组成逆止机构。螺旋棒上的螺旋槽与活塞柄头内的螺母啮合，活塞柄上的花键又与转动套内的花键配合。转动套前端的钎套筒内有六方形内孔，供插入钎尾用。

在活塞冲程，活塞做直线运动，由于活塞大头上螺旋母的作用，带动螺旋棒转动一个角度。当活塞回程时，螺旋棒被棘爪卡住，使螺旋棒不能逆转，迫使活塞沿螺旋棒上的螺旋槽带动转动套及钎套筒与钎子一起转动一个角度，完成钎杆的回转动作。活塞每往复一次，钎子就在回程时转动一个角度。此外，有的凿岩机还采用一种外棘轮式活塞螺旋槽的转钎机构。

4. 排粉系统

凿岩产生的岩石粉渣需用水冲洗炮孔排出，避免岩石粉尘对人体的危害。我国规定必须采用湿式凿岩，禁止用压气排粉的干打孔。凿岩时，压缩空气经柄体端部大螺母上的气道进入注水阀前端，克服注水阀后面弹簧的压力，推动注水阀向后移动，开通水路。水经柄体上的给水接头及水道进入水针。水针插在钎尾的中心孔内，由此水经钎杆的中心孔，由钎头的水孔注入炮孔的底部。压力水与凿岩的粉渣混合成岩粉浆，从钎杆与炮孔的间隙排出孔外。当凿岩机停止工作时，柄体的气室内无压缩空气，弹簧推动注水阀前移，关闭水道，停止对水针的供水，排粉结束。凿岩机除有注水排粉系统外，还有强力吹孔系统。当炮孔较深或向下凿岩时，聚集在孔底的岩粉较多，可能堵塞钎头的排水孔或炮孔沿钎杆的间隙。这时可扳动操纵手柄进行强力吹洗炮孔，停止凿岩机工作和供水，压缩空气直接经由缸体上的气道与机头壳体上的气孔进入钎杆的中心孔，达到炮孔底部，强力将岩粉浆吹出炮孔。

5. 润滑系统

气动凿岩机的活塞与缸体及转钎机构的零件之间，相对运动速度较高，受力又不均匀，并有机器的振动和冲击，因此必须有可靠的润滑方式和适宜的润滑油才能正常运转。凿岩机在进气管处装有专用注油器，压缩空气进入其中，使润滑油雾化形成油雾，然后随压缩空气进入凿岩机内，对各运动部件进行润滑。润滑油应根据设备摩擦部位的速度负荷、温度、功率、密封程度等选择，润滑不当将影响凿岩机的工作性能。润滑油的首要指标是黏度，黏度过小会形成半液体润滑或边界润滑，加速摩擦副的磨损，又易漏油；黏度过大，流动性、渗透性与散热性差，内摩擦阻力大，启动困难，消耗功率大，也会增加摩擦副的磨损。因此，润滑油的黏度是摩擦副润滑的重要参数。

6. 操纵系统

气腿调压阀和换向阀组合在一起分别由两个手柄控制。它们相互配合，又相互独立。调压阀控制气腿的运动，调节气腿的轴推力，以适应凿岩机在不同角度下对轴推力的不同要求。换向阀除配合调压阀使气腿运动外，还控制气腿的快速缩回动作。

第四节　液压钻车作业线装备

一、液压凿岩机

液压凿岩机是以循环的高压油作为动力，而气动凿岩机是以压缩空气推动活塞运动的冲击凿岩工具，这是两者之间最本质的区别。该本质区别使液压凿岩机克服了气动凿岩机存在的一系列问题。相比之下，液压凿岩机具有以下优点。

（1）能量利用率高，可达 40% 以上；动力消耗少，仅为气动凿岩机的 1/4 ~ 1/3。

（2）力学性能好、凿岩速度高。由于油压比气压高 20 ~ 40 倍，因此液压凿岩机的冲击功大为提高，进而使凿岩速度高出气动凿岩机 1 倍以上。

（3）液压做动力便于根据岩石情况调整冲击频率和旋转速度，使机器在最佳工况下工作。

（4）便于和柴油驱动的液压凿岩台车配套，实现能源单一化，提高设备机动性和台班工效。

（5）无排气，从而消除了排气噪声和油雾，工作面环境大为改善。

（6）活塞等运动部件均在油液中工作，润滑条件好，寿命长。

（7）气动设备在高海拔地区不但自身效率会下降，而且空压机工作效率也大幅下降，综合能耗增加很多。液压凿岩机的效率不会受此影响。

实际使用的液压凿岩机绝大多数为导轨式。按配油方式，液压凿岩机可分为有阀型和无阀型两大类，前者按阀的结构又可分为套阀式和芯阀式（或称外阀式）。按回油方式，液压凿岩机分为单面回油和双面回油两种，单面回油又分前腔回油和后腔回油两种。

套阀式液压凿岩机的活塞前腔常通高压油，通过改变后腔油液的压力状态，来实现活塞的往复冲击运动。其配流阀（换向阀）采用与活塞做同轴运动的三通套阀结构。当套阀处于右端位置时，缸体后腔与回油相通，于是活塞在缸体前腔压力油的作用下向右做回程运动。当活塞超过信号孔位时，套阀右端推阀面与压力油相通，因该面积大于阀左端的面积，故阀向左运动，进行回程换向，压力油通过机体内部孔道与活塞后腔相通，活塞向右做减速运动，后腔的油一部分进入蓄能器，另一部分从机体内部通道流入前腔，直至回程终点。由于活塞台肩后端面大于活塞台肩前端面，因此活塞后端面作用力远大于前端面作用力，活塞向左做冲程运动。当活塞越过冲程信号孔位时，阀右端推阀面与回油相通，阀进行冲程换向，为活塞回程做好准备，与此同时，活塞冲击钎尾做功，如此循环工作。

二、液压挖掘机

单斗液压挖掘机是在机械传动式正铲挖掘机的基础上发展起来的高效率装载设备。与机械式挖掘机相比，其优点是，结构紧凑、重量轻，能在较大的范围内实现无级调速，传动平稳，操作简单，易于实现标准化、系列化和通用化。液压挖掘机是一种性能和结构都比较先进的挖掘机，正逐步取代中小型机械式挖掘机。

液压挖掘机种类很多，详细分类方式如下。

（1）按用途分类。一般可以分为通用式和专用式两类。通用式单斗挖掘机用在露天矿、城市建设、工程建设、水利和交通等工程，故称为万能式挖掘机。专用式单斗挖掘机有剥离型、采矿型和隧道型等。采矿型挖掘机多为正铲挖掘机。剥离用的单斗挖掘机的工作尺寸和斗容量都比较大，适用于露天采场和表土剥离工作。隧道用的挖掘机可分为短臂式和伸缩臂式两种，用于开挖隧道时的出渣作业。

（2）按工作装置分类。根据工作装置的工作原理及铲斗与动臂的连接方式，挖掘机主要分为正铲和反铲两类。矿山使用较多的是正铲，因为它在挖掘时有较大的推压力，可挖掘坚实的硬土和装载经爆破的矿石。工作装置的灵活性是指挖掘机工作平台的回转程度。按这种灵活性分类，单斗液压挖掘机的平台有全回转式（即旋转360°）和不完全回转式（即旋转90°～270°）两种。

（3）按行走方式分类。可分为轮胎式、履带式和迈步式。轮胎式液压挖掘机可以分为标准汽车底盘、特种汽车底盘、轮式拖拉机底盘和专用轮胎底盘式四种，主要用于城市建筑等部门。履带式挖掘机按履带运行和支承装置可分为刚性多支点和刚性少支点、挠性多支点和挠性少支点四种。斗容量大于1m³的挖掘机多用履带行走装置。履带式挖掘机主要用于露天采矿工程。迈步式挖掘机按其运行装置可分为偏心轮式、铰式、滑块式和液力式四种。迈步式（又称步行式）挖掘机主要用在松软土壤和沼泽地等接地比压很小的工作场所的剥离作业。有些大型采砂场也使用这种迈步式挖掘机。

（4）按斗容量的大小分类。分为小型、中型、大型和巨型四类。铲斗容积在2m³以下的称为小型挖掘机，3～8m³的称为中型挖掘机，10～15m³的称为大型挖掘机，5m³以上的称为巨型挖掘机。

（5）按液压系统分类。分为全液压传动和非液压传动两种。若其中的一个机构的动作采用机械传动，即称为非全液压传动。例如WY-160型、WY-250型和H121型等即为全液压传动，WY-60型为非全液压传动，因其行走机构采用机械传动方式。一般情况下，对于液压挖掘机，其工作装置及回转装置必须是液压传动，只有行走机构可为液压传动，也可为机械传动。

液压挖掘机的工作原理与机械式挖掘机工作原理基本相同。液压挖掘机可带正铲、反铲、抓斗或起重等工作装置。液压反铲挖掘机由工作装置、回转装置和运行装置三大部分组成。液压反铲工作装置的结构组成是：下动臂和上动臂铰接，两者之间的夹角由辅助油缸来控制。依靠动臂油缸，动臂绕其下支点进行升降运动。依靠斗柄油缸，斗柄可绕其与动臂上的铰接点摆动。同样，借助转斗油缸，铲斗可绕着它与斗柄的铰接点转动。操纵控制阀，就可使各构件在油缸的作用下产生所需要的各种运动状态和运动轨迹，特别是可用工作装置支撑起机身前部，以便机器维修。

工作开始时，机器转向挖掘工作面，同时，动臂油缸的连杆腔进油，动臂下降，铲斗落至工作面。然后，铲斗油缸和斗柄油缸顺序工作，两油缸的活塞腔进油，活塞的连杆外伸，进行挖掘和装载。铲斗装满后，这两个油缸关闭，动臂油缸关闭，动臂油缸就反向进油，使动臂提升，随之反向接通回转油马达，铲斗就转至卸载地点，斗柄油缸和铲斗油缸反向进油，铲斗卸载。卸载完毕后，回转油马达正向接通，上部平台回转，工作装置转回挖掘位置，开始第二个工作循环。在实际操作工作中，因土壤和工作面条件的不同和变化，液压反铲的各油缸在挖掘循环中的动作配合是灵活多样的，上述工作方式只是其中的一种挖掘方法。反铲挖掘机的工作特点是：可用于挖掘机停机面以下的土壤挖掘工作，或挖壕沟、基坑等。由于各油缸可以分别操纵或联合操纵，故挖掘动作显得更加灵活。铲斗挖掘轨迹的形成取决于对各油缸的操纵。当采用动臂油缸工作进行挖掘作业时（斗柄和铲斗油缸不工作），就可以得到最大的挖掘半径和最大的挖掘行程，这就有利于在较大的工作面上工作。挖掘的高度和挖掘的深度决定于动臂的最大上倾角和下倾角，亦即决定于动臂油缸的行程。

当采用斗柄油缸进行挖掘作业时，则铲斗的挖掘轨迹是以动臂与斗柄的铰接点为圆心，以斗齿至此铰接点的距离为半径所作的圆弧线，圆弧线的长度与包角由斗柄油缸行程来决定。当动臂位于最大下倾角时，采用斗柄油缸工作时，可得到最大的挖掘深度和较大的挖掘行程。在较坚硬的土质条件下工作时也能装满铲斗，故在实际工作中常以斗柄油缸进行挖掘作业和平场工作。

当采用铲斗油缸进行挖掘作业时，挖掘行程较短。为使铲斗在挖掘行程终了时能保证铲斗装满土壤，则需要有较大的挖掘力挖取较厚的土壤。因此，铲斗油缸一般用于清除障碍及挖掘。各油缸组合工作的工况也较多。当挖掘基坑时，由于深度要求大、基坑壁陡而平整，因此需要动臂和斗柄两油缸同时工作；当挖掘坑底时，挖掘行程将结束，为加速装满铲斗和挖掘过程需要改变铲斗切削角度等，要求斗柄和铲斗同时工作，以达到良好的挖掘效果并提高生产率。

液压反铲挖掘机的工作尺寸可根据它的结构形式及其结构尺寸，利用作图法求出挖掘轨迹的包络图，从而控制和确定挖掘机在任一正常位置时的工作范围。为防止因塌坡而使机器倾翻，在包络图上还须注明停机点与坑壁的最小允许距离。另外，考虑机器的稳定与工作的平衡，挖掘机不可能在任何位置都发挥最大的挖掘力。液压正铲挖掘机的基本组成和工作过程与反铲式挖掘机相同。在中小型液压挖掘机中，正铲装置与反铲装置往往可以通用，它们的区别仅仅在于铲斗的安装方向，正铲挖掘机用于挖掘停机面以上的土壤，故以最大挖掘半径和最大挖掘高度为主要尺寸。它的工作面较大，挖掘工作要求铲斗有一定的转角。另外，在工作时受整机的稳定性影响较大，正铲挖掘机常用斗柄油缸进行挖掘。正铲铲斗采用斗底开启方式，用卸载过程油缸实现其开闭动作，这样可以增加卸载高度和节省卸载时间。液压正铲挖掘机在工作中，动臂参加运动，斗柄无推压运动，切削土壤厚度主要用转斗油缸来控制和调节。

第五节　岩巷掘进爆破技术

一、炮孔种类

为了获得良好的爆破效果，应在掘进工作面正确布置炮孔。工作面的炮孔按其作用及位置可分为掏槽孔、辅助孔和周边孔。对于平巷和斜井掘进，周边孔又可分为顶孔、底孔和帮孔。

(一) 掏槽孔

岩巷掘进的特点是工作面为一个狭小的自由面，四周岩体对爆破有很强的夹制作用，爆破困难。掏槽孔是为增加爆破自由面，减小最小抵抗线，在掘进工作面中央部位布置的炮孔，它是最先起爆的炮孔（还包括不装药的空孔）。掏槽孔的作用是在工作面中央部位首先爆炸，将其中的岩石破碎并抛出而形成一个槽腔，为其后的炮孔爆破增加第二个自由面。掏槽孔一般布置在掘进断面的中央偏下处，以便凿岩作业时控制方向，并有利于其他多数炮孔的岩石能借助自重崩落。

(二) 周边孔

周边孔是沿岩巷周边轮廓布置的炮孔，用以崩落岩巷的周边岩石，控制并形成设计断面轮廓。周边孔的孔口一般距掘进断面轮廓以内 100 ~ 250mm，并向外倾斜 3°~5°，以利凿岩机工作，并保证断面轮廓不缩小。光面爆破的周边孔又称光爆孔，它的直径及间距越小，光面爆破效果越好。光爆孔与其临近的一排辅助孔连线的垂直距离称为光爆层厚度，它也是光爆孔的最小抵抗线。光爆层厚度直接影响光面爆破的效果，它应根据岩石性质、炸药性能和炮孔直径等确定。当最小抵抗线过小时，爆轰作用过大，会造成爆破过分破碎并形成超挖；当最小抵抗线过大时，光面层岩石破碎不良而产生大块，甚至不能从围岩中崩落下来。

(三) 辅助孔

辅助孔是均匀布置在掏槽孔与周边孔之间的炮孔，又称扩大孔或崩落孔。它的作用除逐步扩大掏槽体积外，主要是崩落大量的岩石。当断面较大时可有多层辅助孔。有时将紧挨周边孔的内层辅助孔称为内圈孔。辅助孔应均匀交错地布置在掏槽孔与周边孔之间，方向一般是垂直于工作面。它的间距与岩石性质有关，应使爆破出的岩石块度适合装渣的需要，一般可取 400 ~ 600mm。

二、炮孔间距

炮孔间距取决于岩石性质、炸药性能和炮孔直径等因素，它直接影响爆破效果。当各炮孔的装药量一定时，若炮孔间距过大，爆破后将形成多个"独立"的爆破漏斗，结果出现明显的根底；如果炮孔间距过小，则炮孔爆破作用重叠过多，浪费炸药，且抛渣过远而不利装渣，还可能发生飞石事故。掏槽孔的孔距由于其形式的不同而不同。辅助孔与掏槽孔、辅助孔之间的距离可取 400 ~ 600mm。最小抵抗线应小于同排（或同一环形）炮孔的间距，一般为孔距的 0.7 ~ 1.0。底孔间距一般为 500 ~ 700mm。为给装渣与凿岩平行作业创造条件，通常采用抛渣爆破，将底孔间距缩小至 400mm 左右，并将孔深加大 200mm。两底角孔受围岩的夹制作用最强，且多有石渣堆积，致使其爆破负荷较大，其间距应适当减小（或增加该处的装药量），以消除爆破死角。光面层的里圈孔与光爆孔的间距应小些，可按最小抵抗线和炮孔密集系数确定。炮孔数量取决于掘进断面、炮孔间距。它直接影响断面轮廓的平整度、破碎岩石的块度等。炮孔过少，断面轮廓不平整，岩石块度过大，不利于装渣；炮孔过多，凿岩工作量大，掘进时间增加。实际上，炮孔间距确定后，炮孔数量便大致固定了。

三、炮孔布置

合理的炮孔布置可提高爆破效果，它的核心是选择掏槽孔的形式。布置炮孔的顺序是：首先选择掏槽的形式并布置掏槽孔，然后布置周边孔及里圈孔，最后在其间布置其他辅助孔。炮孔布置的要求如下。

（1）一般将掏槽孔布置在掘进工作面的中央偏下处，以使底部岩石破碎，减少飞石。当岩石的性质有差异时，掏槽孔应布置在岩石爆破性较弱（软弱夹层）的部位；在层状地层中，则布置在同一地层内。

（2）光面爆破的周边孔沿掘进断面均匀布置。先在拱顶中央、两拱脚、底板与两帮相交处布置周边孔，再大致按等距离布置其他周边孔，以使掘进断面符合质量要求。

（3）均匀布置靠近光爆孔的辅助孔（内圈孔），应特别注意均匀的光爆层是有效实现光面爆破不可忽视的环节。当炮孔垂直深度大于2.5m时，里圈孔与周边孔应有相同的向外倾角。

（4）底孔控制底板的标高，它的孔口应高于底板标高150～200mm，以利于凿岩并防止底孔灌水，而孔底则应低于底板标高100～200mm，防止底板逐渐抬高。此外，按设计排水沟的位置，应单独布置1个底孔。

（5）根据断面确定辅助孔的排数，按辅助孔的数量由内向外逐排均匀交错布置。目的是保证逐步扩大掏槽的体积、崩落大量岩石，并使岩石块度适于装渣和避免崩坏支护及设备，保证一个炮孔的药卷起爆不会带出相邻炮孔内的药卷。

四、装药与填塞

(一)装药

炮孔装药应符合下列要求。

（1）装药时，在作业现场不得采用明火照明，电气照明应采用低于36V的安全电压，可用投光灯、矿灯照明。

（2）有水的炮孔，尤其是底孔，必须使用抗水炸药或加防水套，以免受潮拒爆。

（3）当炮孔深度小于0.6m时，不得装药爆破，以免产生"冲天炮"。在卧底、刷帮、挑顶等特殊条件下，如确需进行浅孔爆破时，必须制订安全措施，封满炮泥，报批后再作业。

（4）采用普通电雷管起爆时，自起爆药卷进入装药警戒区开始，警戒区内便应停电，并随时监测现场的杂散电流。只有在杂散电流值小于30mA时，才允许装起爆药卷。

（5）在有沼气或煤尘的地层中爆破时，炮孔深度不得小于0.65m。装药前及爆破后必须检查爆破地点20m以内风流中的沼气浓度，如沼气浓度超过1%时，严禁装药爆破。此外，当炮孔深度小于0.9m时，装药长度不得超过炮孔深度的一半；当炮孔深度大于0.9m时，装药长度不得超过炮孔深度的2/3。装药操作应遵守下列规定：用木质或竹制炮棍将药卷逐个轻轻地推入孔底，避免擦破药卷包装纸，严禁用铁棍装药。每装一卷（或最多两卷）炸药就要用炮棍轻轻地捅一下，使炮孔内的药卷紧密接触。

装起爆药卷时，不得提拉其上的导爆管或脚线，不得投掷、冲击起爆药卷。应注意雷管的段号，不要装错，且雷管的聚能穴应对着炸药的传爆方向。任何情况下都不得直接捣固起爆药卷，并防止后续药卷直接撞击起爆药卷。使用电雷管起爆时，每装完一个炮孔后，应立即将其脚线卷成小卷悬空，以便于检查。使用导爆索起爆时，应将其与装入炮孔的第一个药卷绑扎在一起，并在装药时拉紧导爆索，防止继续装药时弄断导爆索或妨碍装药。

（6）光爆孔采用间隔装药时，可将药卷和导爆索绑扎在竹片上，间隔长度应符合爆破作业说明书的要求，且不得松动。装药时应将竹片贴近炮孔下壁送入孔内。

（7）装药时，应记住炮棍插入的深度。如果连续两次的插入深度与药卷长度有差别，表明药卷已被卡在炮孔内。这时，如果还未放入起爆药卷，可用非金属长杆处理，取出卡孔物体；如果已经装入起爆药卷，可用压气吹管将药卷吹出或补装起爆药卷。不得用其他工具冲击、挤压，或企图将药卷强行穿过障碍顶入，也不得硬拉导爆管、导爆索或电雷管脚线。

（二）填塞

填塞炮孔的炮泥常用1∶3的黏土和砂加入20%的水拌和制成，以手捏紧刚好不散开为宜。炮泥的可塑性较好，并能提供较大的摩擦力。装药前，将炮泥糅合成直径略小于炮孔直径、长度为100～150mm的圆柱体备用。不得使用石块或易燃材料填塞炮孔。填塞时，每放入一个炮泥后便用炮棍小心捣实，避免出现空洞或填塞不密实。填塞过程应避免破坏雷管的导爆管、脚线及导爆索。当炮泥在炮孔内被卡住时，可用非金属杆或压气处理。填塞长度与炮孔长度及装药量有关，通常为装药长度的35%～50%，应符合下列要求。

（1）炮孔深度为0.6～1m时，填塞长度不得小于炮孔深度的一半。

（2）炮孔深度为1～2.5m时，填塞长度不得小于500mm。

（3）炮孔深度超过2.5m时，填塞长度不得小于1m。

（4）光爆孔和预裂爆破孔应从药包顶端用炮泥封实，且填塞长度不小于300mm。

第七章　矿山巷道工程技术

第一节　巷道断面设计

巷道围岩的坚固程度有较大差别，巷道的服务年限也不同。因此，选择巷道的断面形状，首先要根据巷道的用途和所处地层与地压情况确定巷道的合理支护方式。支护方式和支护材料选定后，巷道断面的形状也就基本确定了。我国矿山岩巷传统的支护方式有整体料石砌碹、现浇混凝土和锚喷支护，目前应用最多的是锚喷支护。各类金属支架和钢筋混凝土支架等主要用于煤层采准巷道和部分松软破碎地层内的巷道。

一、平巷断面形状

根据用途和地层条件不同，平巷的断面形状有多种形式，设计时要根据矿井具体条件来确定。

（一）拱形巷道断面

拱形巷道是目前应用最多的断面形状，分半圆拱形、切圆拱形和三心拱形。选用砌碹支护和锚喷支护的巷道一般都采用拱形。近几年，许多大中型矿山在煤巷也采用拱形巷道，使用可缩性 U 形钢支架。煤巷锚网支护技术的发展也是利用锚杆受力的特点，使煤巷支护成本大大降低。

（1）半圆拱断面：半圆拱是我国传统使用的巷道拱部形状。从受力性能分析，因半圆拱的拱高较大，无应力集中作用。能抵抗较大的顶压一般用于围岩较松软、地应力相对较高的巷道。该种巷道断面的利用率差，虽对通风有利，但相对增加了巷道的开挖量和造价。

（2）切圆拱断面：因其拱顶是从圆中切出的一部分故称为切圆拱。这是目前应用较多的断面形状。切圆拱的拱高常取巷道净宽的2/3，因此受力性能比半圆拱差。但拱部只有一个半径，地压大时拱顶部不易开裂。所以在围岩较坚固、壁高较大的运输大巷或井下碍室中，可考虑采用切圆拱，使巷道断面利用率提高，减少工程量。

（3）三心拱：拱部由三段不同心的圆弧相交而成，故称为三心拱。与半圆拱相比，断面利用率较高，但受力性能较差。在大、小圆弧结合处的附近，会造成应力集中，当地压较大时，有可能开裂且施工质量较难保证。

三心拱的拱高一般取巷道净宽的1/3，个别矿区为提高其受力性能，将拱高适当加大为巷道净宽的2/5。在金属矿山，一般围岩较坚固，可进一步降低拱高，有的仅为巷道净宽的1/4或1/5。

（二）封闭拱形巷道断面

当巷道围岩特别松软，处于较大的多向不稳定地压的条件下，可能会发生严重的片帮、底鼓等，可采用带反拱的封闭拱形断面。通常有圆形、马蹄形或椭圆形。由于这些形状的断面施工复杂、成本高，实际中应用较少。

（三）梯形或矩形巷道断面

梯形或矩形巷道在煤矿应用较多，特别是小型矿山。梯形断面巷道一般用于服务年限很短的采准巷道或煤层中的煤巷。目前，该类巷道多数都采用锚梁网或金属支架支护。由于受回采工作面推进的动压影响，要求支架具有一定的可缩性，并可回收复用。总之，支护方式是确定巷道断面形状的主要因素，但围岩的稳定情况，即地压的大小和方向对巷道断面形状也有较大的影响，必须综合考虑。

二、巷道断面尺寸确定

（一）巷道净宽度的确定

巷道净宽度主要取决于运输设备本身的宽度、人行道宽度和相应的安全间隙。无运输设备的巷道可根据通风及行人的要求来确定。拱形巷道的净宽度，即指直壁内侧的水平距离。对于梯形巷道，当其内设置运输机或通行矿车和电机车时，净宽度系指运输设备顶面线处的巷道宽度。

机械运输巷道的人行道一侧必须留有0.7m以上的宽度，另一侧不得小于0.2m。生产矿井正在使用的巷道，如果人行道的宽度不合规定，则在巷道一侧要设置躲避硐，两个躲避硐间的距离不得超过25m。在水平运输巷道中，包括弯道，两条平行轨道中心线距离必须使两个对开列车最突出部分之间的间隙在任何条件下不小于0.2m。对于巷道曲线段，应考虑由于转弯车辆外倾，巷道应适当加宽，根据不同的矿车和电机车，规程规定内侧加宽50～100mm，外侧加宽100～300mm；与曲线段相连接的直线段加宽长度为2～3m。

(二) 巷道净高度的确定

对于巷道的净高度，安全规程有具体规定。当使用架线式电机车运输时，在有大行道的巷道内、车场内以及巷道交叉处，电车线的悬挂高度自轨道面算起不得小于2m，在不行人的巷道内不得小于1.8m。在井底车场内，从井底到人车搭乘地点不得小于2.2m，在矿井运输大巷内不得小于2.2m。无论在任何巷道内，电车线与巷道顶或顶梁间的距离都不得小于0.2m。不用架线式电机车的运输巷道和主要通风巷道，自轨道面算起，巷道净高不得低于1.9m。

对于拱形巷道，巷道的净高包含拱高和壁高两部分。半圆拱断面的拱高就是巷道净宽的1/2，三心拱和切圆拱断面的拱高一般为巷道净宽的1/3。因此，设计符合规范要求的巷道净高，主要是壁高的确定。通常确定方法如下。

(1) 按架线要求确定巷道断面壁高。采用架线式电机车运输时，按电机车集电弓顶端两切线交点处与巷道拱壁间距离不小于200mm来考虑。

(2) 按人行道要求确定巷道壁高。一般井下运输的电机车或矿车，其高度不会超过人的身高。此时壁高应保证行人遇车靠侧壁站立时能符合安全规程的要求，即距侧壁100mm处的巷道有效净高不应小于1800mm。

(3) 按装设管道要求确定巷道断面壁高。对于顶部装设管道的主要运输巷道，当采用蓄电池电机车运输时，管子最下边应满足1800mm的人行高度；采用架线电机车运输时，还应要求机车集电弓与管子的距离不小于300mm。

三、巷道断面布置

巷道断面布置的主要内容有道床、水沟、管线和人行道等。

(一) 道床

道床占有巷道的主要部分，包含钢轨、轨枕和道碴三部分。矿山巷道的钢轨一般为 15～24kg/m 的轻轨，具体要按运输电机车的型号来选取。轨枕在过去多用木材，使用年限短且需要防腐处理。近年来，钢筋混凝土轨枕得到推广应用，虽然弹性较差、铺设较复杂，但坚固耐用，节约木材。

轨枕的长度一般为 1200～1600mm，在井下采用标准轨距为 600mm 或 900mm。道碴一般采用碎石、卵石或不易风化、不易自燃的矸石。道碴的粒径为 10～60mm，在主要轨道运输大巷，厚度不得小于 50mm。道碴上部必须埋住轨枕高的 1/3～1/2。整个道床的宽度可按轨枕长度再加 200mm 考虑，两个轨枕中心线的距离一般为 0.5～0.7m，在道岔和曲线部分应适当加密。在运输量很小的采区巷道中，由于服务时间短，可不铺设道碴，轨枕直接放在挖好的沟槽内，也可直接放在巷道底板上，在轨枕之间填上道碴。大型矿井的井底车场主要运输大巷或斜井井筒，亦可采用整体道床。这种道床由混凝土一次浇筑而成，也可在轨道下先铺设轨枕，然后进行混凝土浇筑。

(二) 巷道内水沟布置

巷道水沟通常布置在人行道一侧，只在特殊情况下，才布置在另一侧或轨道下面。水沟断面大小要根据巷道通过的排水量来确定。在水平巷道中，水沟坡度与巷道坡度相同，一般不应小于 0.3%。巷道的永久水沟常用混凝土浇筑或钢筋混凝土预制，断面一般为梯形。

为便于行人，水沟上应设钢筋混凝土预制盖板，并使盖板顶面与道碴面齐平。

(三) 巷道管线布置

为了保证安全和便于检修，巷道内管线一般应布置在人行道一侧，管子最下部距道碴面或水沟盖板不小于 1800mm；动力电缆布置在另一侧，距底板不小于 1000mm，与运行车辆的间距不小于 250mm，并力求布置在运行车辆高度之上。电话和信号电缆应布置在动力电缆的另一侧，若条件所限不能满足，则应布置在动力电缆之上 300mm 以外。另外，电缆若与管道同侧布置时，应在管道之上不小于 300mm 的地方。

四、巷道断面施工图设计

矿山设计中通常按 1∶50 的比例尺绘制巷道断面施工图。为了简化设计工作，我国煤矿设计部门根据规程规定，对于常用的拱形巷道和梯形巷道，已编制出 600mm 轨距和 900mm 轨距巷道断面施工图标准图册和相应的断面参数计算公式，可直接查阅借用。巷道断面设计的主要步骤如下。

（1）选择巷道断面形状。

（2）确定巷道断面尺寸，包括确定巷道的净宽度、确定拱高和壁高、确定道床参数等。

（3）用通风校核巷道断面。矿山井下任何贯通的巷道几乎都有通风的用途，要有一定的风流通过。当风量确定后，巷道断面愈小，风速就愈大。过大的风速会产生扬尘或引起安全事故，因此安全规程对不同用途的巷道可允许的最大风速作了专门规定。

（4）布置巷道水沟。

（5）编制巷道断面特征表和每米巷道材料消耗量。

（6）绘制巷道断面施工图。

第二节　巷道钻眼爆破技术

矿建工程中，巷道工程量占新建矿井井巷工程量的 80% 以上，施工工期也要占建井总工期的 55% 左右。生产矿井的开拓工程以平、斜巷施工为主。因此，加强巷道施工的安全管理，掌握施工安全技术，对于实现快速、高效、安全生产，确保巷道工程施工质量具有十分重要的作用。平巷施工的主要环节，一是破碎岩石以达到巷道进尺的目的，二是防止围岩塌落，将巷道支护起来以保证安全生产。因此，岩石平巷施工就是围绕破岩与支护两大环节制定安全施工方法。岩石平巷掘进就是破碎工作面上的岩石以获得进尺。目前破碎岩石的主要手段仍是钻眼爆破法，其开挖断面成形质量的好坏直接关系到围岩和顶板的稳定，与能否实现安全、高效生产紧密相关。

一、钻眼工作

目前在矿建工程中钻眼使用的凿岩机主要有气动和液压两大类，采用较多的是气腿式风动凿岩机湿式打眼，液压式凿岩机主要用于凿岩台车。与气动凿岩机相比，液压凿岩机的特点是机械性能好，其冲击功、冲击频率和能量传递效率等指标大为提高，凿岩速度高出 1 倍以上。因此，使用凿岩台车凿岩，不仅可提高掘进速度和效率，而且施工安全，改善了劳动强度和施工条件。凿岩台车目前的主要问题是机械故障较多，维护费用高，因而未能大量应用。

冲击式凿岩的钎头也是影响打眼速度的重要因素。常用的为一字形和十字形钎头，目前新发展的有柱齿和球齿钎头。冲击式凿岩的一字形钎头结构简单，凿速较高，可回收修磨，应用最广，但在裂隙发育的岩层中易于卡钎。十字形钎头适应性较强，开眼定位容易，但制造和修复较难。新发展的柱齿和球齿钎头耐磨性强，破岩效率高，适用于坚硬岩层和大功率的凿岩机。

平巷掘进时，为了施工安全，钻眼前要检查并处理顶帮的矸石、浮矸，同时要检查压风管、水管是否漏损，水压、风压是否满足要求等。目前，主要采用风动式凿岩机，为了缩短钻眼工序的时间，提高掘进速度，常采用多台凿岩机同时作业，一般每 3~4m² 断面配备一台。目前应用较多的是YT23、YT24 气腿式风动凿岩机，新发展的 YT27、YT28 型冲击频率高、动力大，可钻凿 3m 以上深孔。为了提高凿岩机械化水平，国内已正式投入生产凿岩台车。使用凿岩台车打眼，不仅可提高掘进工效，实现中深孔爆破，而且可减轻工人劳动强度和改善作业条件，使平巷掘进安全生产上一个新台阶。

二、平巷爆破技术

平巷掘进爆破技术的应用主要考虑平巷的断面大小和施工作业岩层条

件。对于一般运输大巷和采准巷道等中小断面的平巷，当岩层条件较好时，多采用全断面开挖法，即全断面一次爆破技术。对于井下大型硐室、大断面巷道以及岩层条件较差的中等断面巷道，多采用台阶开挖法或超前导硐开挖法，要分断面和阶段实施爆破作业。平巷掘进爆破技术的研究和发展，主要是在全断面毫秒爆破技术、掏槽爆破技术、周边控制爆破技术和复杂岩层及地应力条件下的安全、高效爆破技术等方面。中深孔光面爆破技术和周边定向断裂控制爆破技术是目前矿山平巷掘进的最先进爆破技术。

(一) 平巷掘进炮眼布置

掏槽眼是用于爆破出新的自由面，为其他炮眼创造有利的爆破条件。掏槽眼的爆破参数设计是平巷爆破最关键的技术之一。崩落眼是在掏槽眼和周边眼间的大量平行或大致平行的炮眼，有时还包含几个辅助眼用来进一步扩大掏槽眼爆破形成的槽腔。崩落眼是破碎岩石的主要炮眼，利用掏槽所创造的自由面，大量崩落岩石。

顶眼、帮眼和底眼统称为周边眼，都要向外侧倾斜一个角度，一般为 $3° \sim 5°$，使孔底超出开挖线，以便下循环有钻眼设备的操作空间。周边眼又称轮廓眼，主要用途是使爆破后的巷道断面、形状和方向符合设计要求。周边眼的爆破参数设计直接关系到巷道成形和爆破效果，也是平巷爆破技术设计的关键所在。通常的光面爆破、预裂爆破和定向断裂爆破等技术，都是控制周边眼爆破参数的结果。巷道炮眼的爆破顺序一般是掏槽眼先响，辅助眼、崩落眼次之，周边眼最后响。周边眼的爆破次序一般为顶眼、帮眼、底眼。有时为避免拉底现象，底眼间距应适当减小，药量要适当加大，可同时起到"翻碴"作用。

(二) 平巷掏槽爆破技术

掏槽爆破技术是平巷掘进爆破的关键技术，掏槽效果的好坏很大程度上决定了整个掘进爆破的效果。实际发生的炮眼利用率低、崩倒棚子、飞石砸坏工作面设施等现象，都是掏槽爆破设计不合理造成的。

掏槽眼应根据巷道岩石(煤)的条件和巷道断面大小进行设置，通常布置在巷道中央偏下，并尽量选择有弱面的地方。目前在平巷掘进中常用的掏槽方式有斜眼掏槽、直眼掏槽和混合掏槽。掏槽眼爆破时的自由面和空间小，受到的夹制作用大，一般装药量较大。

（1）斜眼掏槽方式。斜眼掏槽是平巷掘进中最常见的掏槽方法，其特点是炮眼与工作面斜交，适用于各类岩层的掏槽爆破。通常根据岩巷断面的大小和地层条件来确定掏槽炮眼的角度和布置方式，在岩巷应用较多的是楔形掏槽方式。斜眼楔形掏槽适用于各种岩层，特别是中硬以上的稳定岩层。一般采用 2～4 对相向的斜眼，炮眼底部相距 10～30cm，炮眼与工作面为 60°～75° 夹角。为确保掏槽爆破效果，每对掏槽眼的槽口距离眼底间距和眼深都需要精心设计。一般中硬以下岩层每对槽眼眼底之间的距离按经验可取为 0.2～0.3m、爆破非常困难的坚硬韧性岩石时，眼底距离可取 5～10cm。

双楔形掏槽在特定条件下采用。当巷道断面较大、采用中深孔爆破、眼深超过 2m. 岩石特别坚硬难爆时，可考虑在垂直楔形槽眼的基础上，增加 2～3 对初始掏槽眼，形成双楔形复式掏槽，以加大槽腔体积。斜眼掏槽的主要优点是：适用于各类岩层的爆破，并能获得较好的掏槽效果；槽腔体积较大，能将爆破槽内的岩石全部或部分抛出，形成有效自由面，为崩落眼爆破创造有利的破岩条件；掏槽眼位容易掌握，槽眼的位置和倾角的精确度对掏槽效果的影响较小。斜眼掏槽的主要缺点是：钻眼的角度在空间上难以掌握，要求钻工具有较熟练的技术水平；多台钻机作业时，互相干扰较大；斜眼掏槽深度受巷道宽度的限制；对于中、小断面巷道，不适于深孔爆破；当巷道断面和炮眼深度变化时，必须相应修改掏槽爆破的几何参数，不可能设计出适合于任何断面和深度的标准掏槽方式；全断面巷道爆破下的岩石抛掷距离较大，爆堆分散，除给清道和装岩造成困难外，还容易崩坏支架和设备。

（2）直眼掏槽方式。直眼掏槽是指所有掏槽眼都垂直于工作面，且互相平行，炮眼间距小，并留有不装药的空眼炮眼的装药系数多为 0.7～0.8。一般适用于坚硬或中等坚硬的岩石及断面较小的巷道进行中深孔和深孔爆破，便于采用凿岩台车打眼。直眼掏槽是以空眼作为自由面和岩石碎胀后的补偿空间，所以大直径空眼的爆破效果要优于小直径空眼，而且炮眼间距的大小也直接影响着掏槽爆破效果。直眼掏槽的主要优点是：炮眼垂直于工作面，易于打眼，布置方式简单；炮眼深度不受巷道断面限制，便于进行深孔爆破；当炮眼深度和巷道断面改变时，可以不改变掏槽方式，只需调整装药量；易于实现多台钻机平行作业和采用凿岩台车钻眼，有利于施工机械化；掏槽爆破的块度均匀，抛掷距离小，爆堆集中，不易崩坏设备。直眼掏槽的主要缺点是：炮眼数目多，且装药量大；对槽眼的间距和平行度要求高，槽眼的间距小，掏槽体积小；在有瓦斯和煤尘爆炸危险的巷道，有空眼的直眼掏槽不能使用。

（3）混合掏槽方式。在断面较大、岩石较硬的巷道掘进爆破中，为确保掏槽效果，加大槽腔深度和体积，可采用混合掏槽方式。混合掏槽的炮眼布置方式很多，一般均为直眼与斜眼的混合形式，弥补斜眼掏槽深度不够与直眼掏槽槽腔体积较小的不足。混合掏槽爆破需要技术性较强的参数设计，从布置方式到设计理论都仍是研究课题。一般直眼多布置在槽腔内部，斜眼作垂直楔形布置，与工作面的夹角为 75°~85° 为宜；斜眼眼底与直眼眼底距离约为 0.2m，斜眼装药系数为 0.5 ~ 0.7；直眼装药系数为 0.7 左右。

（三）平巷掘进爆破参数设计

平巷掘进的爆破效果和质量在很大程度上取决于钻眼爆破参数的设计是否合理。除掏槽炮眼布置形式外，主要的爆破参数还应包括单位炸药消耗量、炮眼直径与装药直径、炮眼间距、数目和深度等。评判掘进爆破效果和质量的主要指标有岩石破碎的块度、爆堆的形状巷道成形的规格、对围岩的损伤程度以及炮眼利用率等。合理设计钻眼爆破参数，不仅要考虑岩层地质条件与巷道施工要求，而且应考虑各参数间的相互关系及其对爆破效果的影响。

（1）单位炸药消耗量。爆破每立方米原岩所消耗的炸药量称为单位炸药消耗量，简称单位耗药量。该参数是掘进爆破设计最主要的参数之一，不仅影响岩石爆破块度、岩块飞散距离和爆堆形状，而且影响钻眼工作量、炮眼利用率和围岩稳定性等多个技术经济指标。合理的单位耗药量决定于多种因素，其中主要有岩石的物理力学性质、巷道断面大小、炸药性质和炮眼直径与深度。用理论精确计算单位耗药量是很难的，对于具体岩石条件可通过标准爆破漏斗试验来确定。

平巷掘进爆破的单位耗药量可参考国家定额选取或工程经验取值。当确定了单位耗药量后，就可根据掘进断面积和炮眼深度计算一个爆破循环所需要的总装药量，再根据每个炮眼的平均装药量估算出全断面炮眼总数。

（2）炮眼直径和装药直径。当采用耦合装药时，装药直径即为炮眼直径；当采用不耦合装药时，装药直径一般指药卷直径。在平巷掘进爆破中，一般标准药卷直径为32mm或35mm，为确保装药顺利，炮眼直径要比药卷直径大4~7mm，选择标准钻头的直径为36~42mm。矿井许用岩石炸药的最小直径不应小于25mm，否则爆炸不稳定或发生拒爆，因此钻眼直径不宜太小。采用大功率凿岩台车打眼，炮眼直径超过45mm。

（3）炮眼数目。根据岩石性质、断面尺寸和炸药性质等，按炮眼的不同作用对炮眼进行合理布置，最终排列出的炮眼数即为一次爆破的总炮眼数。一般还需要实践验证后再作适当调整。炮眼数目过少，易出现大块，不利于装岩，同时巷道周边轮廓会成形差；炮眼数目过多，会导致钻眼工时和成本增加。合理的炮眼数目应当保证有较高的爆破效率，即炮眼利用率在85%以上，爆下的岩块和爆破后的巷道轮廓均能符合施工和设计要求。

（4）炮眼深度。炮眼深度直接决定每个循环的进尺量，也就决定着掘进中钻眼和装岩等主要工序的工作量和完成各工序所需要的时间，是确定掘进循环劳动量和工作组织的主要钻爆参数，需要综合考虑施工设备、掘进任务和劳动组织等多方面因素进行优化设计。最优炮眼深度。影响炮眼深度的因素很多，在各种因素综合考虑的前提下，使掘进每米巷道所需劳动量为最小的炮眼深度可认为是最优炮眼深度。与炮眼深度直接有关的劳动量包括钻眼、爆破和装岩。通过试验找出各工序劳动量与炮眼深度的相关关系，即可求得使劳动量最小的最优炮眼深度。实际中必须根据具体施工条件来确定炮眼深度。随着爆破器材的改进和凿岩机械化水平的提高，在巷道围岩条件较好的情况下，可以加大炮眼深度，尽量采取中深孔爆破。

（5）平巷掘进爆破装药结构。装药结构有连续装药、间隔装药、耦合装药和不耦合装药、正向起爆装药和反向起爆装药等多种形式。一般巷道掘进炮眼较浅，多采用连续、耦合、反向起爆装药结构。周边眼爆破为减轻对围岩的损伤，多采用不耦合装药结构。深孔爆破时，为提高炮眼利用率和块度均匀性，可采用间隔装药结构。采用岩石炸药不耦合装药时，当传爆长度超过800mm时，会产生间隙效应，药卷易发生拒爆。目前的巷道掘进多数采用钎头直径为42mm，药卷直径为35mm，正处于产生间隙效应的范围。当装药长度较大时，应采取阻断或消除间隔效应的措施，也可改用无明显间隙效应的水胶或乳化炸药。与正向起爆装药相比，平巷爆破多采用反向装药起爆，其爆轰波是向炮眼口的方向传播，爆生气体不会过早逸出，能加强对岩石的破碎。但要注意，在高瓦斯矿井或区域采掘工作面采用毫秒爆破时，若采用反向起爆，必须制订安全技术措施。

（6）炮眼填塞。适当的填塞能保证在炮眼内炸药全部爆轰结束前减少爆生气体过早逸出，保证爆压有较长的作用时间，以充分发挥炸药的爆破作用。特别是正向起爆时，炮眼填塞的作用就更重要了。目前的巷道掘进多采用特制的黏土炮泥，填塞长度不应小于350mm。在有瓦斯煤尘的巷道工作面，可采用水炮泥，不仅可以吸收热量，降低喷出气体的温度，而且可降低粉尘产生，有利于施工环境改善和爆破安全。

（四）平巷炮眼布置与起爆网络

要取得平巷掘进爆破的高效率和高质量，除要合理设计钻眼爆破参数外，还应合理布置炮眼和设计安全可靠的起爆网络。

（1）炮眼布置的原则和方法。首先选择掏槽方式和确定掏槽眼位置，再布置周边眼，最后布置崩落眼。掏槽眼要按选定的掏槽爆破方式布置，通常布置在巷道断面的中央偏下，并应考虑崩落眼的布置和减少崩坏支护结构或施工设施的可能。周边眼布置在巷道断面的轮廓线上，但为了打眼方便，通常向外（或向上）偏斜一定角度，有时称为外甩角，一般为3°～5°。顶眼和帮眼一般按光面爆破要求，各炮眼尽量互相平行，眼底落在同一平面上。底眼眼口一般在巷道底板线上150～200mm，眼底低于底板线100～200mm；底眼向下倾斜，以利于钻眼，保证爆破后不留"硬坎"。周边眼的深度不应大于崩落眼。

崩落眼以掏槽眼形成的槽洞为中心，分层均匀布置在掏槽眼和周边眼之间。布置时应根据断面大小和形状调整抵抗线和眼距，以求炮眼数目少且能均布。有时可适当调整掏槽眼位置或在掏槽眼旁增加辅助眼，以使崩落眼布置合理。崩落眼的抵抗线和眼距应根据装药直径、岩层可爆性和块度要求来确定，一般为500～700mm，邻近系数在0.8左右。

（2）起爆顺序及时差。平巷掘进一般采用孔内延期段发雷管实现顺序起爆。工作面上的炮眼应按掏槽眼、辅助眼、崩落眼、帮眼、顶眼、底眼的先后顺序放置段发雷管，以使先爆炮眼所形成的槽腔可作为后爆炮眼的自由面。一般矿井下均采用延期电雷管（秒或毫秒）全断面一次起爆。特殊情况下（如大断面特殊岩层、预留光爆层等）可采用分次起爆。起爆顺序的间隔时间可采用秒延期或毫秒延期。实践证明，毫秒延期爆破可获得良好的爆破效果，比秒延期煤破有明显优势。毫秒爆破时，各炮眼爆破产生的应力场能相互干涉、叠加，增强了破碎作用，能有效减少爆破块度降低爆破震动的影响。合理确定毫秒爆破的间隔时间，目前尚不能完全从理论上进行计算，一般多根据现场试验和经验类比来确定。

目前巷道掘进中，考虑抵抗线较小，一般间隔时间在 15～75ms 选定，并随岩石性质、抵抗线大小而调整。当掏槽眼深度超过 3m 时，为保证槽腔内岩石的破碎和抛掷，毫秒间隔时间应取大值。试验表明，间隔时间在 50～100ms 时掏槽效果较好。但要注意，在有瓦斯的巷道实现全断面一次爆破时，总延时不能超过 130ms。

（3）起爆网络及检测。平巷掘进爆破的起爆网络有多种形式，常用的电爆网络有串联、并联和混合联结三种方式，应根据井下环境、炮眼多少和起爆器的能力来具体确定。矿井下必须使用检验合格的专用起爆器来引爆网络，只在特殊情况下有安全措施时，特许使用动力电源。掘进爆破的雷管都在数十发以上，为使雷管全部准爆，必须合理选择起爆器和网络，保证每发雷管在网络未断电前获得足够的准爆电流。矿山巷道掘进一般断面较小，一次爆破的炮眼数目不太多，多采用发爆器起爆，电压高但电量有限，选用串联起爆网络较多，特别是在有瓦斯煤尘爆炸危险的巷道，也只准采用串联网络。

目前井下巷道多采用串联网络，爆破前习惯仅用导通器检查线路是否导通，如果导通便立即起爆。这种检测方法并不完全正确，对电爆网络还应做全电阻检测。由于网络中常因雷管间的短路、接头接地或湿水短路错连或漏连等现象发生拒爆，只有全电阻检测才可发现这类问题。

爆破母线与起爆电源或发爆器连接之前，必须测量全线路的总电阻值，如出入较大（超过 5%），禁止连线，应查找原因并排除故障后再连线。一般采用直接目视检查和采用专用爆破电桥检查相结合的方法。必要时可采用1/2淘汰法，将爆破网络分两部分，依次缩小排查范围。在工作面严禁检测由10发以下雷管组成的串组，以免发生意外引爆事故，参加检测的人数以1~2人为宜。

三、平巷光面爆破技术

光面爆破是在普通爆破技术的基础上发展起来的巷道控制爆破技术，目的是使爆破后留下的围岩具有光滑表面，并尽量少受损伤。光面爆破技术主要用于巷道断面周边的一圈岩石，重点是顶部炮眼和帮眼，所以又称轮廓爆破或周边爆破。根据巷道断面大小不同，周边爆破可分为预留光爆层光爆法和全断面一次爆破光爆法。周边眼的爆破参数决定光面爆破的质量，因此光面爆破技术的核心就是合理设计周边眼的装药结构、崩落厚度、眼间距和装药量，并尽量使各周边眼同时起爆。目前，光面爆破参数设计仍不能完全靠理论计算，一般以理论计算作参考，主要通过工程类比和现场试验来调整确定。

(一) 光面爆破原理

光面爆破的周边眼形成贯穿裂缝的基本原理有以下三种观点。

（1）应力波干涉破坏理论。该理论认为：如果相邻炮眼中的装药同时爆炸，岩石中产生的爆炸应力波以各炮眼为中心向外传播，应力波波阵面在炮眼中心连线的中点相遇，应力波的干涉作用使该点岩石中的切向拉应力垂直于炮眼中心连线叠加为两倍，两个炮眼轴线的连接面成为受拉面，当相邻炮眼连线中点上产生的拉应力大于岩石的抗拉强度时，则岩石沿炮眼连心线被切断，形成贯穿裂缝。

（2）以高压气体为主要作用的理论。该理论认为：爆生气体的似静态作用对光面爆破成缝的影响更大。在气体压力共同作用下，炮眼相距很近时，炮眼连线上因应力条件而产生很高的拉应力。相邻炮眼同时作用时，获得的炮眼中心连线的破裂面会更整齐。试验证明，两圆孔连线与孔壁的交点在切线方向产生很大的拉应力。这种应力条件在两孔相距很小和圆孔直径越大时越明显。因此，裂缝由孔壁切向拉应力造成，首先在孔壁上出现，而且孔的间距与裂缝的开裂关系很大。

（3）爆炸应力波与高压气体共同作用理论。该理论认为：孔间贯穿裂缝的形成是基于各炮眼装药爆炸后所激起的应力波先在各炮眼孔壁上产生初始裂纹，然后爆生气体沿初始裂纹侵入产生静压作用，即"气楔作用"，使之扩展贯穿，最终形成贯穿裂缝。

（二）光面爆破装药结构设计

为确保周边眼爆破后形成光面且对围岩不造成损伤，装药结构的设计是至关重要的。目前公认的是周边眼采用小直径、低猛度、爆轰稳定性好的低威力专用炸药，用不耦合装药或空气间隔装药结构来实现光爆。最新研究发展的有切缝管定向聚能爆破装药结构，可实现周边眼定向断裂爆破，已有不少应用实例。

装药不耦合系数是指炮眼直径与药卷直径的比值，是光面爆破技术需要设计的重要参数，目前仍难以准确计算。通过大量现场试验，一般认为装药不耦合系数为 1.8～2.5 时具有较好的爆破效果，围岩损伤很小。光面爆破不耦合装药的间隙效应也称为"管道效应"或"沟槽效应"，表现为因炮眼直径与药卷直径在一定范围内时造成炮眼内长柱药卷传爆中断，是不耦合装药结构设计必须注意的问题。

（三）炮眼间距与最小抵抗设计

影响光面爆破效果的因素十分复杂，除地质条件、钻眼的准确性和爆破操作技术外，决定光面爆破效果的主要因素有周边眼间距和最小抵抗线，必须正确选择。一般原则是：软岩和层理节理发育的岩层上，眼距应小些而抵抗线应大些；在坚硬稳定的岩层上，眼距应大些而抵抗线可小一些。跨度较小时，眼距适当减小，反之，适当加大。

（四）装药量设计

周边眼合理的装药量应该是既能使孔间形成贯通裂缝、将光爆层岩石破坏，又不致造成炮眼壁或围岩的破坏，即通过不耦合空隙的缓压作用，使爆炸压力对炮眼壁的冲击作用小于岩石的动态抗压强度。目前还缺乏实用的光面爆破装药量计算公式，一般参照巷道爆破的单位耗药量，周边爆破时适当减少装药量。

实际中，周边眼采用线装药密度以控制爆炸作用对炮眼壁面的破坏。通常不包含充填炮泥段的长度，以单位炮眼长度的平均装药量来表示线装药密度。采用矿用岩石炸药时，一般岩石坚固性系数为 4 ~ 6 时，线装药密度为 100 ~ 140g/m；岩石坚固性系数为 8 ~ 10 时，线装药密度为 140 ~ 250g/m。

(五) 炮眼堵塞

爆破施工过程中，封堵炮眼是一个很重要的环节，特别是煤矿井下爆破时，封堵炮泥的长度和密实度尤为重要。堵塞质量不仅直接影响爆破效果，而且更关系到矿井生产的安全。堵塞炮泥的作用主要有两方面，一是封闭炮眼防止冲炮和避免明火窜出，二是提高炸药传爆性能，延长孔内爆破作用时间。

在堵塞炮眼时，总是要求充填密实并达到一定长度。充填材料一般为黏土加砂，虽然不能堵塞得像原岩一样密实，但用炮棍振捣能够满足密实要求。周边眼的炮泥堵塞也不宜过长，过长会使炮眼炸药集中于孔底，影响孔口部分岩石的破碎和崩落，井巷断面成形质量不好。根据光爆作用机理，延长炮眼中爆生气体作用时间有利于光面爆破效果形成，封堵炮泥的长度一般与装药的抵抗线相近即可。

(六) 起爆顺序与时差

在巷道掘进光面爆破中，起爆顺序分为正序起爆和反序起爆。反序起爆就是所谓的预裂爆破，先将周边眼起爆，而后再掏槽眼和崩落眼。由于周边眼不在一条直线上，巷道预裂爆破效果不佳，目前井下已不采用。通常光面爆破均采用周边眼后爆的正序起爆，分全断面一次爆破和预留光爆层爆破。一般预留光爆层的爆破效果好一些，但需要二次起爆，实际中也较少采用，只有在巷道断面大、雷管段数不足或起爆能力不够时才考虑采用。

在光面爆破中，周边眼的起爆时差也非常重要。若周边眼同时起爆，炮眼间的贯通裂缝就形成得较早，能抑制其他方向的裂缝发展，爆破形成的壁面也平整。若起爆时差过大（超过100ms），各炮眼就如同单独起爆一样，周围产生较多的裂隙，并形成凹凸不平的壁面。因此，在实际应用中，应尽可能减小周边眼的起爆时差，选用同段同批次的雷管。

四、钻眼爆破安全技术

钻眼爆破工作一般应注意以下事项。

(一) 钻眼安全注意事项

(1) 开眼时必须使钎头落在岩石上，如有浮矸，应清理干净再打眼。

(2) 不允许在工作面的残眼内继续钻眼。

(3) 开眼时，给风阀门不应突然开大，待钻进一段后再开大阀门。

(4) 为避免断钎伤人，推凿岩机不要用力过猛，更不要横向用力，应随时提防突然断钎。

(5) 一定要注意把胶皮风管与风钻接牢，以防脱落伤人。

(6) 缺水或停水时，应立即停止钻眼。

(7) 工作面全部炮眼钻完后，要把凿岩机具清理好，并撤至规定的存放地点。

(二) 爆破安全注意事项

(1) 装药前应检查顶板情况，撤出设备与机具，并切断除照明以外的一切设备的电源；照明灯及导线也应撤离工作面一定距离。

(2) 爆破母线要妥善地挂在巷道的侧帮，并且要和金属物体、电缆、电线离开一定距离，装药前要试一下爆破导线是否导通。

(3) 在规定的安全地点加工和装配引药。

(4) 装药时要细心地将药卷送到眼底，防止擦破药卷、装错雷管段号、拉断雷管脚线。对于有水的炮眼，尤其是底眼，必须使用防水药卷或给药卷加防水套，以免受潮拒爆。

(5) 装药、联线后应由爆破工与班长、组长进行技术检查，做好爆破前的安全工作。

(6) 爆破后要等工作面通风散烟后，爆破工率先进入工作面，检查确定安全后方能进行其他工作。

（7）发现瞎炮应及时处理，如瞎炮是由连线不良或错连所造成，则应重新连线补爆；如不能补爆，则应在距原炮眼 0.3m 外钻一个平行的炮眼，重新装药爆破。

第三节　巷道装岩排矸技术

装岩排矸是巷道掘进工作量最大，占循环时间最长的工序，一般情况下它可占掘进循环时间的 35%～50%。我国装岩机械化发展很快，从开始的铲斗装岩机、耙斗装岩机，到目前的侧卸式铲斗装岩机和蟹爪式装岩机等，装矸效率高，清底干净。其中根据煤矿特点矸制的耙斗装岩机，因具有结构简单、制造容易、造价低、可靠性好和适应性强等优点，已成为当前我国煤矿巷道掘进的主要装载设备。

一、常用装岩设备

装岩机按工作机构分，目前在平巷施工常用的有耙斗式装岩机、铲斗式装岩机、蟹爪式装岩机和立爪式装岩机等。

（一）耙斗式装岩机

耙斗式装岩机又称耙装机，是岩巷掘进应用较多的装岩机之一。耙装机主要由耙斗、装车台、卸矸槽、绞车、车架及主尾绳和导向轮组成。耙装工作时，耙斗借自重和斜齿插入岩堆，通过绞车的两个滚筒分别牵引主绳和尾绳，使耙斗往复运动，把矸石耙进料槽，再由料槽尾部的卸料口卸入矿车。耙装机的特点是结构简单，维修量小，安全可靠，装岩效率高；缺点是钢丝绳和耙斗磨损较快，工作面堆矸多，影响其他工序工作。耙装机适用于净高大于 2m，净断面大于 5m² 的巷道。装矸过程中，要注意机械伤人事故，因此司机和辅助人员一定要集中注意力，密切配合，杜绝事故发生。

1. 耙斗装载机常见安全事故。

（1）耙斗碰人事故：开车前。司机未仔细观察工作面，误认为工作面无人就操作，结果工作面尚未撤出的人员被耙斗碰伤致死。有些司机操作不熟练，操作中误将空、重牵引绳滚筒手把同时向后扳动，造成空重绳同时牵引，将耙斗悬空甩出，撞击附近人员致死。

（2）牵引绳碰人和拉断碰人事故：为了防止牵引绳碰击司机，在耙斗装载机司机侧设有保护栏杆，这些栏杆损坏后未及时修复补充，当装载机在较窄巷道作业时，司机无法躲避弹跳的牵引钢丝绳，从而被绳击伤，重者死亡。另外，牵引钢丝绳由于断丝太多，未及时更换，在装载或用牵引绳移设装载机时拉断，断绳甩出伤人。

（3）装载机翻翘、倾倒碰人事故：掘进工移动装载机前，将耙斗放在装载机机尾上，在推移过程中，机身失去平衡，前部向上翘起，将推车工夹在机槽与顶梁之间挤死。装载机由于卡轨器固定不牢，工作时松动，装载机被拉翻倾倒，将司机砸伤致死。另在装载机自拉进行移动时，由于牵引绳方向歪斜，使装载机受侧向分力歪倒，砸伤附近人员致死。

（4）固定楔碰人事故：耙斗绳轮在工作面的固定楔固定不牢，牵引耙斗工作中被拉出，撞击距工作面 5m 的工作人员致死。

（5）煤尘爆炸事故：煤巷掘进工作面爆破后装载前未洒水降尘，压缩空气吹散炮烟时，致使煤尘飞扬。司机未待煤尘吹净，即用毛刺很多并有断头打结的钢丝绳牵引耙斗装车，结果因打结钢丝绳与机架绳轮摩擦产生火花，点燃煤尘引起爆炸。

2. 耙斗装载机事故的防治措施。

（1）耙装机无机装载时，在工作面作业区的前方，必须设有良好的防爆照明；耙装机绞车的刹车装置必须完整、可靠。

（2）必须装有封闭式金属挡绳护栏和防耙斗出槽的护栏，在拐弯巷道装岩（煤）时，必须使用可靠的双向辅助导向轮，清理好机道，并有专人指挥和信号联系。

（3）耙装作业开始前，瓦斯自动检测报警断电装置的探头，必须悬挂在耙斗作业段的上方；固定钢丝绳滑轮的锚杆及其孔深与牢固程度必须根据岩性条件作出明确规定。

（4）在装煤（岩）前，必须将机身和尾轮固定牢靠。严禁在耙斗运行范围内进行其他工作和行人。耙装机作业时距掘进工作面的最大允许距离应在作业规程中明确规定，永久支护或临时支护必须紧跟掘进工作面，严禁空顶作业。

（5）在煤（岩）与瓦斯（二氧化碳）突出矿井的煤巷中严禁使用耙装机。

（6）根据巷道断面大小选择适当型号的耙装机，保持司机侧与巷道帮支柱间的安全距离；操作前机器周围环境应收拾干净，不得站在浮矸上操作。

（7）装岩（煤）前，必须在矸石或煤堆上洒水和冲洗顶帮；移动耙斗装载机时，应找好重心，避免翻倒；耙装机采用自拉移动时，导向滑轮要固定在轨道中心线上。

（二）侧卸式铲斗装岩机

铲斗式装岩机有后卸式和侧卸式两大类，原理和主要组成部分基本相同，这里主要介绍常用的侧卸式铲斗装岩机。该装岩机一般包括铲斗、行走、操作、动力几个主要组成部分，工作时依靠自身重量及运动所产生的动能正面铲取岩石，铲满后前方侧转将碎石卸入转载设备或矿车中，工作过程为间歇式，行走方式多为履带式。特点是铲斗插入力大，斗容大，提升距离短，可兼作活动平台，用于安装锚杆和挑顶等。履带行走机动性好，装岩宽度受限制小，可在平巷及倾角10°以内的斜巷使用。

国产侧卸式铲斗装岩机 ZLC-60 型适用于宽度大于4m、高度大于3.5m的巷道。根据侧卸式装岩机的工作特点，应将转载机布置在装岩机铲斗卸载一侧的轨道上，装岩机铲取的岩石直接卸到停靠在掘进工作面前部的料仓中，通过转载机再转卸到矿车上，这样可以连续装满一列矿车，提高了装岩效率。

1.铲斗装载机的常见事故如下。

（1）铲斗装载机后退撞人事故：铲斗装载机作业中遇到大块矸石，司机急于后退机器，未注意瞭望，将推重车的推车工撞伤致死。

（2）铲斗装载机按钮失灵挤人事故：用铲斗装载机顶车后退时，由于巷道太窄（装岩机与岩帮距离150~180mm），司机发现岩帮有人而按动按钮停车时，按钮失灵不能停车，将在岩帮拉电缆的工人挤伤致死。

2.铲斗装载机安全事故防治措施如下。

（1）装岩（煤）前，必须在矸石或煤堆上洒水和冲洗顶帮。铲斗装载机必须装有良好的照明，否则不得使用。

（2）装岩（煤）司机在工作时，必须注意前、后、左、右人员的安全和自身的安全。加强设备维修，每班必须对铲斗装载机各个操作按钮进行检查试验，保证各按钮动作灵活、可靠。

（3）不得使用铲斗装岩机进行调整。轨道及排道（临时轨道）的铺设应保持铲斗装载机最突出的部位与岩帮支柱有不小于500mm的距离。

（4）铲斗装载机工作中应将电缆固定在机器最高的地方，另一端吊挂在棚柱上，保持中间有一定的下垂度。便于机器前后移动装车，避免拉、压电缆。移动机器时，拉电缆人员应在机器较宽的一侧。

（三）蟹爪装载机

这种装岩机的特点是装岩工作连续，生产率高。其主要组成部分有蟹爪、履带行走部分、转载输送机、液压系统和电气系统等。

蟹爪装载机在工作时有机尾撞人事故发生。司机操作不慎，一侧蟹爪触及岩帮，其反作用力使机尾溜槽向另侧摆动，将机尾附近推车工撞在巷道棚腿上致死。蟹爪装载机行走中也会发生撞人事故，更换工作面的6爪装载机，行走到巷道拐弯处调向时，机尾溜槽将附近人员撞伤致死。

蟹爪装载机事故的防治措施。在装载机工作中，耙爪不得触及硬底板，以免损坏装载圆盘及其传动零部件；蟹爪装载机机尾较长，移动拐弯时，司机应注意观望机尾，避免碰帮、撞人。

二、装岩机的选择

选择装岩机考虑的因素较多，主要包括巷道断面的大小，装岩机的装载宽度和生产率，适应性和可靠性，操作、制造和维修的难易程度，装岩机与其他设备的配套以及装岩机的造价等。

侧卸式装岩机，铲取能力大，生产效率高，对大块岩石、坚硬岩石适应性强。履带行走、移动灵活，装卸宽度大，清底干净。侧卸式装岩机操作简单、省力。但构造较复杂，造价高，维修要求高，属间歇装岩，适用于12m²以上的双轨巷道。耙斗式装岩机的构造最简单，维修、操作都容易，可用于平巷、斜巷、煤巷等。但它的体积较大，移动不便，妨碍其他机械使用，间歇装岩，底板清理不干净，人工辅助工作量大，耙齿和钢丝绳损耗量大，效率低，故用于单轨巷道较为合理。

蟹爪式装岩机的装载动作连续，可与大容积、大转载能力的运输设备和转载机配合使用，生产效率高。但构造较复杂，造价高，蟹爪与铲板易磨损，装坚硬岩石时，对制造工艺和材料耐磨要求较高。目前国内使用较多的装岩机仍然是耙斗式装岩机，侧卸式装岩机次之。在实际工作中，应根据巷道工程条件、设备条件以及上述应考虑的因素，参照各种装岩机的技术特征进行选择。

三、排矸运输

装岩排矸效率的提高，除应选用高效能装岩机和改善爆破效果以外，还应结合实际条件，合理选择工作面各种调车和转载设施，以减少装载间歇时间，提高实际装岩生产率。同时要加强装岩调车工作组织和运输工作，及时供应空车、运出重车，保证轨道质量，提高行车速度。

采用不同的调车和转载方式，装载机的工时利用率差别很大。我国煤矿目前应用的有固定错车场、浮放道岔、转载设备等。

（一）固定错车场调车法

在单轨巷道中，调车较为困难时，一般每隔一段距离需要加宽一部分巷道，以安设错车的道岔，构成环形错车道或单向错车道。在双轨巷道中，可在巷道中轴线铺设临时单轨合股道岔，或利用临时斜交道岔调车。单独使用固定道岔调车法，一般将要增加道岔的铺设和加宽巷道的工作量，且不能经常保持较短的调车距离，故调车效率不高，不能适应快速掘进的要求，需要和其他调车方法配合使用，才能收到较好的效果。

（二）浮放道岔调车法

浮放道岔是临时支设在原有轨道上的一组完整道岔，它结构简单，可以移动，现场可自行设计和加工。菱形浮放道岔是用于双轨巷道的浮放道岔。这种浮放道岔在两台装岩机同时装岩的情况下使用方便。若只用一台铲斗后卸式装岩机装岩，装岩机可通过浮放道岔调换轨道，在两条轨道上交替装岩。其缺点是结构笨重，搬运困难。另外，还有用于单轨巷道的单轨浮放双轨道岔。

(三) 转载设备调车法

采用转载设备可大大改进装运工作，提高装岩机的实际生产率，使装载运输连续作业，有效地加快装运速度。我国目前使用的转载设备有胶带转载机、斗式转载车、梭式矿车和仓式列车等。

(1) 胶带转载机：平巷掘进中使用的胶带转载机的形式很多，但胶带转载机的框架和托滚等部分大致相同，主要区别是在胶带转载机的支撑方式上。从胶带机架支撑方式上分，有悬臂式胶带转载机、支撑式胶带转载机和悬挂式胶带转载机等多种。悬臂式胶带转载机具有结构简单、长度较小、行走方便、可适应弯道装岩等特点，不足之处是在其下边只可存放 3 辆矿车。

(2) 斗式转载车：斗式转载车及一组专用矿车一般统称为斗式转载列车。斗式转载车由斗车和升降车组成。装岩时，斗车先处在一个升降车的车底，斗车内装满矸石后，通过升降车底特设的升降气缸将斗车顶起，斗车本身靠压气驱动，以列车车厢两帮作为车轨在列车上行走，并可将岩石卸入任何一辆矿车内，卸载后的斗车再返回升降车重新装岩。

(3) 梭式矿车：梭式矿车是一种大容积的矿车，也是一种转载设备。根据工作面的条件，可以采用 1 台梭车，亦可把梭车搭接组列使用，一次将工作面爆落的矸石全部装走。梭式矿车具有装载连续，转载、运输和卸载设备合一，性能可靠等优点，但在井下必须有卸载点，如溜井、矸石仓等。

(4) 仓式列车：仓式列车由头部车、若干中部车和一台后部车组成，链板输送机贯穿整个列车车厢的底部。使用时，根据一次爆破出矸量确定中部车车厢数量。各车厢之间用销轴连接，车体分别装于各自的台车上，每个台车由一对轮和水平盘组成，故可在曲率半径大于 15 m 的弯道上运行。

仓式列车可与装岩机或带有转载机的掘进机配套使用，并能充分发挥装岩机的效率。由于不必调车，节省了不必要的错车道开凿工程，同时又利于运料，故辅助人员少，辅助工作量少。仓式列车卸载高度低，前后移动方便，可用绞车或电机车牵引。仓式列车适合于断面为 4.5 ~ 8.5 m² 的较小巷道，但需两次转载，一般把煤、矸直接卸到刮板输送机或煤 (矸) 仓里，所以仓式列车很适合于煤、半煤岩巷掘进运输。

第四节　巷道支护理论与技术

为了保持巷道的稳定性，防止围岩发生垮落或大变形，巷道掘进后，一般都要进行支护。平巷采用的支护方式有料石砌碹、金属支架、钢筋混凝土砌碹和锚喷支护。锚喷支护即锚杆与喷射混凝土联合支护方式，是近年来普遍采用的支护方式，不仅施工工艺简单，机械化程度高，而且施工速度快，质量可靠，施工安全性好。

一、巷道支护设计理论

地下巷道的支护荷载如何确定，是支护参数设计首先要考虑的问题。原岩应力是地下巷道围岩变形及破坏的直接荷载，但并不直接作用于支护上，而是通过围岩来作用，如果围岩处于弹塑性状态，则围岩稳定，可不予支护，因此支护荷载实际是围岩产生较大变形后作用于支护体上的应力。

(一) 巷道支护的普氏冒落拱理论

普罗托吉雅可诺夫于1907年提出，在松散介质中开挖巷道后，其上方会形成一个抛物线形自然平衡拱，该平衡拱曲线上方的地层处于自平衡状态，其下方是潜在的破裂范围。该理论将平衡拱内的围岩作为支护对象，支护荷载只是冒落拱内的岩石重量。

(二) 巷道围岩支护的弹塑性理论

巷道开挖后，如果围岩应力小于岩体的屈服强度，围岩将处于弹性状态；若围岩应力超过岩体的屈服强度，围岩进入塑性状态，这时的巷道周边出现塑性区。弹塑性支护理论将支护结构和围岩作为一个共同体，通过对围岩的弹塑性分析，得到围岩应力、变形、支护阻力和塑性区半径的弹塑性理论解。

弹塑性支护理论描述了支护阻力与塑性区半径的关系。分析表明，塑性区半径的大小与支护阻力、原岩应力、围岩的强度特性以及巷道的半径密切相关。对于支护而言，支护阻力愈大，塑性区半径愈小。在相同原岩应力条件下，允许围岩塑性变形量愈大，所需支护阻力就愈小，因此，在大变形条件下，采用可缩性支护可充分发挥围岩的承载能力，减小支护结构受力。

按照弹塑性支护理论，支护所要承受的荷载是围岩应力重分布及塑性区形成过程中所产生的弹塑性变形压力。因此，围岩的弹塑性变形压力和塑性区散体岩石自重压力是弹塑性支护理论要考虑的支护对象。可以说明，支护刚度大或者支护过早时，将会承受较大的变形压力；支护太迟，围岩将松动破坏，产生较大的松动压力。最佳支护时间是围岩即将由弹塑性状态进入松动状态前进行支护，支护压力最小。

根据以上分析，按照弹塑性支护理论设计支护对策，应首先有控制地允许塑性区适度扩展，充分发挥围岩自身的承载能力。支护的作用仅在于通过提供适当的支护阻力，将围岩控制在弹塑性变形状态，阻止围岩出现松动破坏。由于岩体的力学性质，特别是峰后区的力学性质难以把握，弹塑性支护理论尚不能考虑到松动圈和围岩碎胀变形的客观存在，计算结果也只能作定性参考。

二、岩巷锚喷支护理论

锚喷支护是20世纪70年代发展的矿山岩巷支护新技术，突破了以前采用的支架和砌碹为主的支护形式和支护理论。锚喷支护结构不再是被动地承受围岩压力，而是尽量保持围岩的完整性与稳定性，积极控制围岩的力学状态变化，限制围岩的变形、位移和裂隙发展。充分发挥岩体的自身支承作用，把围岩从荷载转变为承载体，这是锚喷支护与其他支护形式的最本质差别。

(一) 喷射混凝土的支护作用

喷射混凝土是锚喷支护结构的重要组成部分，是一种用压气输送和喷射的干硬性细粒混凝土，具有自捣、早强、密贴和薄层柔性支护的特点。喷射混凝土能够充填凹穴和表面裂隙，与围岩岩面紧密黏结，并有很高的黏结强度。其支护理论就是建立在与围岩密贴的前提下，发挥应有的承载和支护能力。喷射混凝土支护的主要作用如下。

（1）及时封闭围岩，防止风化作用。巷道开挖后，地下围岩暴露出来经受大气风化、温度变化和地下水或水汽的侵蚀，就会逐渐丧失稳固性而发生剥离和片帮。围岩及时喷上混凝土后，喷层与围岩密贴黏结成整体，形成致密、坚实的防护层，防止了围岩的风化作用。

（2）有效补强和防止围岩松动作用。喷射混凝土的早期支护能及时地封闭围岩，射入岩面的裂隙和充填凹穴，形成围岩周边的连续支护，阻止了围岩的位移和松动，增补了围岩的强度。

（3）支承危石作用。当围岩被节理裂隙等不连续结构面所切割，形成局部不稳定的松动危石时，喷射混凝土层便要承受不稳定岩石的重量，对危石起支承作用。

（4）柔性支护结构作用。喷射混凝土支护结构可以使围岩与喷层一起产生一定量的变形，具体表现为巷道或硐室表面的法向位移，在围岩中可形成一定大小的塑性变形区，从而使围岩的自承作用得以充分发挥。

（5）喷层和围岩的组合拱作用。松动围岩已基本失去承载力而处于似稳定状态，任何小的扰动荷载都可能使其垮塌。增加很薄的喷层后，围岩与完整致密喷层的共同作用形成组合拱，其承载能力比单一薄喷层的承载力大大提高，这就是喷层和围岩的共同作用效应。喷层的厚度有最佳值，对于不同性质的围岩应进行针对性设计。绝不是喷层愈厚支护效果愈好，随着喷层的厚度增加，破坏形式由最初的剪切为主的破坏形式过渡为弯曲破坏。喷层过厚，则刚度增大，约束和限制了围岩变形的发展，会使支护结构招来很大的荷载，反而较易发生喷层开裂破坏。

（二）锚杆支护作用机理

锚杆支护巷道就是在巷道掘进后，先向围岩钻凿一系列的锚杆孔，然后使用锚固剂在孔内锚入锚杆，将围岩进行人工加固。锚杆能把顶板岩石联在一起，防止各层岩石黏结力的削弱和岩层分离冒落。

（1）锚杆的悬吊作用：20世纪50年代，Louis A、Pane K 经过理论分析和实验室与现场测试，提出锚杆的作用是将巷道的直接顶板悬吊到上部的坚硬岩层上，以阻止岩块或岩层的垮落。锚杆所受的拉力来自被悬吊的岩层重量，并以此设计锚杆支护参数。

这一理论应用具有局限性。锚杆长度一般为 1.6 ~ 2.0m，当破碎带较大时，采用该理论无法设计支护参数。同时，大量工程实践证明，即使巷道上部没有稳固的岩层，锚杆也可发挥其作用。例如，在全煤巷道中，锚杆锚固在煤层中也能起到支护作用。

（2）锚杆的组合梁作用：在层状岩层的巷道顶板中，通过锚入一系列锚杆，将锚杆长度以内的薄层岩石锚固成岩石组合梁，从而提高其承载力。锚杆的组合梁作用理论可弥补悬吊理论的局限性，由德国 Jacobio 等针对层状岩层提出。

该理论认为，在没有稳固岩层提供悬吊支点的薄层状岩层中，可利用锚杆的拉力将层状地层组合起来形成组合梁结构进行支护。组合梁的作用本质在于通过锚杆的预拉应力将原视为迭合梁的岩层挤紧，增大岩层间的摩擦力。同时，锚杆本身也提供一定抗剪能力，阻止其层间错动。被锚固的岩层便可看成组合梁，全部锚固层保持同步变形，抗弯刚度得以大大提高。

决定组合梁稳定性的主要因素是锚杆的预拉应力、杆体强度和岩层性质。该理论的主要问题是组合梁的承载力难以计算，锚杆的作用难以确定。另外，岩层沿巷道纵向有裂缝时，梁的连续性、梁的抗弯强度等也难以确定。

（3）锚杆的减跨作用：把不稳定的顶板岩层看成是支撑在两帮的叠合梁或板，可视锚杆为支点，相当于在该处增加了支点而减少了顶板的跨度，从而降低了顶板岩层的弯曲应力和挠度，使顶板不易变形和破坏。该理论实际来源于锚杆的悬吊理论，但也较难提供锚杆支护参数的设计计算方法。

（4）锚杆支护的弹塑性理论：该理论认为，锚杆对围岩具有补强作用，增加了岩层弱面的抗剪能力，可局部改变围岩的应力状态。按摩尔理论抗剪强度包络线解释，可使围岩不产生破碎带，限制弹塑性变形量，使围岩处于稳定的弹塑性状态，巷道周边围岩不易破坏和失稳。

从岩石剪切强度理论的摩尔应力圆来分析锚杆支护的弹塑性理论，巷道周边二向应力状态的应力圆很容易接近或超越强度曲线而破坏或失稳。当锚杆加固围岩以后，不仅围岩的强度曲线上移，同时巷道周边岩石处于三轴受压状态，其应力圆向右移而距强度曲线更远了。实践证明，锚杆提供的足够的支护抗力加固了围岩，使围岩自身的承载力提高，变形量减小。大量实验室模拟试验也表明，通过锚杆锚固可使围岩的抗压强度峰值提高 $50\% \sim 100\%$。

锚杆支护的弹塑性理论仍存在问题，按现有的锚杆支护工艺，对巷道周边的弹塑性变形相对不及时；支护结构与围岩的不密贴，决定了在围岩处于弹性状态时的支护阻力很小，而支护空隙不可能很有效地阻止弹塑性变形和围岩破碎带的产生和发展。

（5）锚杆的组合拱理论：该理论认为，锚杆将巷道围岩锚固挤紧，对岩石施加预应力，以平衡岩石内所产生的张拉应力，阻止裂隙的继续扩大；用锚杆锚固的岩体形成组合拱，不仅足以支持自身的重量，而且还可作为一种承载结构，支承外部荷载。围岩在锚固预应力作用下，围绕每根锚杆的周围会形成一个两头带圆锥形的挤压区或压缩应力区，在系统排列的锚杆群中，这些挤压区便组成了一个具有相当宽度的均匀压缩加固带。在巷道周围成组排列和径向布置的锚杆，在围岩一定厚度范围内形成了拱形压缩带或称作挤压加固拱。拱形压缩带的厚度与锚杆的长度和间距有关。

（三）锚喷支护的设计理论

锚喷支护是由锚杆和喷射混凝土共同组成的围岩支护结构，兼有锚杆和喷射混凝土支护各自的优势，同时又加强了相互间的共同协调作用。多年来，锚喷支护的大量使用，促使人们去寻求它的支护原理，以求对围岩作用的实质和支护效果有一个正确的评价和定量的支护设计与计算。国内外都进行了许多模拟试验、现场实体结构试验检测、工程应用调查和理论分析研究，从各个不同的侧面探讨了锚喷支护作用的实质，提出了一些学说。研究成果在一定程度上反映了锚喷支护对围岩作用的某些性质和规律，但由于问题的复杂性，至今还没有求得一种通用的比较成熟的锚喷支护设计理论。这里仅能简单介绍目前采用的简化设计理论。

1.组合承载拱的计算理论。

从结构力学的观点出发，考虑到喷射混凝土层和围岩紧密黏结、锚杆加固了巷道围岩，可认为它们组成了"组合拱"，即喷层、锚杆和一定范围内的围岩共同组成了一种复合承载拱结构。它们共同承载，协调变形，共同工作，抵御岩层的地压作用而保持巷道稳定。假定巷道只是顶板不稳定，用锚杆加固并喷射混凝土，和拱部围岩组成等厚度的承载拱。其荷载除地压外，还应考虑拱体自重。组合拱受地压作用时，可能产生的裂缝分为与拱轴线垂直的径向裂缝、与拱轴线平行的切向裂缝和与拱轴线斜交的斜向裂缝。设计计算时，假定切向裂缝的抗剪强度主要由锚杆提供，径向裂缝的强度由拱体岩石和与其密贴的混凝土喷层提供，斜向裂缝则由三者共同提供。

（1）组合拱的计算简图与几何要素：按结构力学的简化方法，认为组合拱为两端固定的等厚割圆拱，荷载按自重形式均布于拱轴上。

（2）径向缝的强度校核：由于锚杆一般都沿径向布置，假定锚杆不起作用。

（3）切向缝强度的验算：主要验算锚杆提供的抗剪强度是否满足切向缝上剪应力的要求。

2. 锚喷支护的剪切破坏设计理论。

锚喷支护的剪切破坏理论是由奥地利的学者拉布希维斯（L V.Rabce-wicz）首先提出，该理论认为，与围岩密贴的薄壁壳体支护中不发生弯矩，破坏的形态为剪切破坏。他通过混凝土薄壁圆环支护的模拟试验研究后，提出圆形巷道薄壁柔性支护在地压作用下的破坏原理，具体阐述如下。

（1）薄壁支护结构在地压作用下，首先是顶部和底部因垂直压力的作用而稍有挠曲，边墙向外侧变形；在边墙外面的两帮岩石中产生锥形的剪切楔，向外移动，如同施加侧压力一样。

（2）因侧向地压的作用关系，边墙的向外变形停止，在顶、底部垂直压力继续增大的情况下，薄壁混凝土支护就在拱腰处沿着传递斜推力的锥形部位发生剪切破坏，破裂面与支护轴线成20°～30°交角。在巷道两帮的围岩内，都形成一个垂直于推力线主要方向的锥体，并在进入可塑变形后，被迫向岩体深部发展。

（3）在设计喷射混凝土支护时，只需要简单地计算其剪切破坏的荷载，量测或理论近似计算施加在支护上的径向压力。

（4）当使用锚喷网联合支护时，支护的总抗力应是喷层、锚杆和钢筋网以及岩石加固带诸抗力之和。仍以圆形巷道为例进行分析，圆形巷道的剪切破坏先是在两帮围岩中产生楔形剪切体向巷道内挤入。

锚喷支护时，是锚喷支护结构本身的强度给围岩一定的约束，同时由于锚杆的作用，在围岩中形成一个挤压加固带。其宽度与锚杆长度和间距有关，具体计算仍需大量研究工作。

用锚喷剪切破坏理论计算支护抗力时，巷道两帮围岩中产生的楔形剪切破坏体向巷道内水平移动产生的侧压力，应与锚杆、喷层、钢筋网以及岩石承载环诸结构在剪切滑动面上抵抗滑动的阻力，在水平投影上的总和相平衡。但由于不同岩层滑动面的参数确定较难，该理论的实际应用较少。

三、岩巷支护技术

根据围岩松动圈理论，岩巷爆破后在一定范围造成围岩松动，围绕巷道断面产生围岩松动圈。为确保支护质量和围岩稳定，锚杆支护时需要锚固在松动圈之外的稳定岩层内。

(一) 锚喷支护技术

锚喷支护的核心是锚杆安装，首先要按设计的位置和深度打好锚杆眼，目前国内有专用锚杆钻机。锚杆安装好后，锚杆间的围岩用喷射混凝土支护。由于锚杆间的围岩给予喷层的荷载比较复杂，其超挖部分多受压剪作用，欠挖部分多受剪力作用，另外考虑到锚杆间危岩的冒落作用及防止风化等要求，实际工程中，喷层的厚度多为 7～10cm，有特殊要求时选用 12～20cm。如需要加大强度或碰到软弱破碎岩层时，应铺设金属网，再喷射混凝土。

我国巷道支护采用的锚杆类型很多，并随着技术的发展不断地改进和研制新型锚杆材料。由于快硬膨胀水泥锚杆制作简单、造价低廉，可以端头锚固，也可以全长锚固。杆体螺纹部分经处理后，可使锚杆各部分获得相等强度，因此采用的较多。树脂锚杆的技术性能指标较高，目前在深井巷道应用较多。管缝式锚杆虽属全长锚固，可靠性较高，但因造价高只在软岩巷道中采用。

采用锚喷支护时，应注意以下事项。

（1）巷道都必须采用光面爆破技术，喷射混凝土前要检查断面尺寸是否符合设计要求。

（2）打锚杆眼前，必须首先敲帮问顶，将矸石处理掉。打眼时要注意观察，应从侧帮向顶部锚固，机手要始终站在安全一侧。

（3）使用锚固剂固定锚杆时，应将孔壁冲洗干净；使用砂浆锚杆时，砂浆必须灌满填实锚杆孔。

（4）喷射混凝土前，须用高压风水冲洗岩面并撬掉矸石，埋设喷层厚度标桩，喷射后应有养护措施。

（5）锚杆使用托板时，必须使托板紧贴巷壁，并用机械或力矩扳手拧紧，岩帮的涌水地点应采取措施，防止喷体在有涌水的岩帮处脱落。

（6）掘进工作面到永久支护之间，必须进行锚喷临时支护，锚杆或初喷必须紧跟掘进工作面，严禁空顶作业。

（7）为确保支护质量，锚喷支护参数，如锚杆直径、数量、锚深及锚固方式、混凝土强度等级、喷体厚度、金属网形状规格等，都应在施工组织设计或作业规程中规定，以便进行质量检查与验收。

(二) 金属支架支护

金属支架是矿井应用较多的支护方式之一，其主要形式有以下几种。

（1）梯形金属支架：多用于采区巷道，由 18 ~ 24kg/m 钢轨、16 ~ 20 号工字钢或矿用工字钢制作，由两腿一梁构成。在型钢棚腿下焊一块钢板，以防止它陷入巷道底板，有时还可在棚腿之下加设垫木或铁板底座。

（2）拱形可伸缩金属支架：由矿用特殊型钢制作，形式多样。每架棚子由三个基本构件组成，即一根曲率为 R_1 的弧形顶梁和两根上端部带曲率为 R_2 的柱腿。弧形顶梁的两端插入或搭接在柱腿的弯曲部分上，组成一个三心拱。梁腿搭接长度约为 300 ~ 400mm，该处用两个卡箍固定，柱腿下部焊有 150mm × 150mm × 10mm 的铁板作为底座。

拱形可缩性金属支架适用于地压大、不稳定和围岩变形量大的巷道，支护断面一般不大于 12m²，支架棚距一般为 0.7 ~ 1.1m，棚子之间应用金属拉杆通过螺栓、夹板等互相紧紧拉住或打入撑柱撑紧，以加强支架沿巷道轴线方向的稳定性。

(三) 锚注支护

在锚喷支护基础上或在金属支架、砌碹的基础上进行壁后注浆，可以增强支护结构的整体性和承载能力，保证支护结构的稳定性。该支护方式既具备锚喷支护的柔性与让压作用，又具有金属支架和砌碹等支护方式的刚性支架的作用，共同组成联合支护体系，维持巷道的稳定。在围岩中注浆后，一方面将松散破碎的围岩胶结成整体，提高了岩体的内聚力，内摩擦角及弹性模量，从而提高了岩体强度。另一方面，使锚杆实现全长锚固，从而提高了锚杆的锚固力和可靠性，形成多层组合拱共同承载，提高了支护结构的整体性和承载能力。

(四) 锚索支护

与锚杆支护相比，锚索支护具有锚固深度大、锚固力大、可施加较大的预紧力等诸多优点，是大松动圈巷道支护加固的手段之一。其加固范围、支护强度、可靠性都比普通锚杆支护要好。锚索主要起悬吊作用，它把下部大松动圈范围内群体锚杆形成的组合拱或之外不稳定岩层悬吊在稳定岩层中，如将岩层中的层理面造成的离层等悬吊于上部稳定的岩层。同时，由于锚索可施加较大的预紧力，可挤紧和压密岩层中的层理、节理裂隙和不连续面，增加不连续面间的摩擦力，从而提高围岩的整体强度。对于大断面巷道及硐室，锚索还起到重要的减跨作用。

锚索施工仍用锚杆钻机、空六方接长钻杆、双翼钻头湿式打眼，扫孔后装入药卷，用锚索送入，由专用搅拌器和锚杆钻机将锚索边推进边搅拌，搅拌时间视锚固剂型号而定。锚索的主要部件有钢绞线、锁具和锚固剂。钢绞线的选择标准是强度高、韧性好、低松弛，既有一定的刚度，又有一定的柔性，可盘成卷便于运输。实践证明，在大断面巷道、顶板破碎巷道、硐室以及煤层巷道中，施加锚索来加强顶板控制，维护巷道稳定是非常有效的。

(五) 联合支护

为了适应各种复杂地质条件，特别是软岩巷道、穿过构造破碎带和深部高应力巷道，采用适当的联合支护方式更为合理。所谓联合支护，就是将锚杆、锚索、金属支架、钢筋网、砌碹、注浆、喷射混凝土等支护方式的其中几种实行联合应用，针对地压和地质条件选择刚柔兼顾的联合支护方式。

四、岩巷施工作业方式

岩巷施工要达到快速、低耗和安全的要求，除合理选择施工技术装备和施工方法外，正确地选择施工作业方式也是十分重要的。

巷道施工有两种方法，即分次成巷和一次成巷。分次成巷，是把整条巷道掘出来，并用临时支架暂时维护，等以后再返回头来进行永久支护。采用这种方法，由于围岩长期暴露，产生风化、变形和破碎，在以后永久支护施工时，常易引起冒顶和片帮，给施工带来很大困难，支护质量也不易保证，目前已很少采用。一次成巷，就是一次把巷道做成，将巷道施工中的掘进、永久支护和掘砌水沟三项分部工程，在一定距离内，前后连贯地、最大限度地同时施工，不留收尾工程。由于一次成巷施工法能在掘进后及时对围岩进行永久支护，不但作业安全、有利于保证支护质量，而且施工成本低、材料消耗少，因此目前的矿山岩巷施工都采用一次成巷施工法。

一次成巷又可分为掘进与支护平行作业和单行作业。目前多采用锚喷支护为永久支护，锚杆紧跟工作面安设。喷射混凝土可在工作面后一定的距离内进行，如遇顶板围岩不太稳定时，也可在爆破后立即喷射一层30～50mm厚的混凝土封闭围岩，然后再打锚杆，最后喷射混凝土到设计厚度。因此，采用何种作业循环方式，取决于施工进度要求、岩层条件和施工设备情况。目前，采用较多的为单行作业，通常为"二掘一喷"或"三掘一喷"。

为确保施工进度和施工安全，平巷施工一定要定岗、定任务，实现正规循环作业，即在规定时间内，以一定的劳力和设备，按照作业规程，完成全部工序和工作量，并保证周而复始地进行工作。实践证明，正规循环作业是有计划地、均衡地完成施工任务的有力保证，是提高掘进效率，确保施工安全的一项重要措施。

第五节　采区巷道施工技术

采区巷道在新建矿井的井巷工程中约占总工程量的30%～45%，而采区开拓时间又约占整个矿井工期的30%～40%。对于生产矿井，采区巷道的施工则是开拓工程的主要内容。因此，采区巷道的施工安全直接关系到整个矿山的安全、高效生产，必须给予高度重视。

一、采区巷道的特点及技术措施

采区巷道种类多，一般布置在矿层中或接近矿层的岩层中，地质条件复杂，稳定性较差。与一般岩巷比，有其特点和施工技术措施。

(一) 采区巷道的特点

(1) 采区巷道种类很多，有岩巷、煤巷，也有半煤岩巷。施工期间，掘进工作面远离井底车场，组织通风和运输等项工作比较复杂。

(2) 由于采区巷道一般都是沿煤层或在煤层附近的岩层内掘进，经常受到瓦斯和煤尘的威胁。为确保施工安全，预防事故，必须加强检查，严格执行安全作业规程。

(3) 采区巷道所穿过的煤及围岩，一般都是坚固性较小，掘进虽较易但其稳定性差，尤其是大多数采区巷道还受到采动的影响。因此，在施工时不但要注意管理好顶板，还要根据其服务时间短、地压大且不稳定的特性，合理地选择支护方式。

(4) 由于煤层褶曲起伏，有各种断层存在，有可能在施工中临时改变原定巷道的位置，因此采区巷道施工时，必须根据生产使用要求和安全的原则正确定向，使巷道位置适当，避免无效进尺。

(二) 采区巷道掘进的技术措施

采区巷道是直接为采区回采服务的，需要随着煤层的变化适当地调整巷道位置，以满足生产需要，为此需采取如下技术措施。

(1) 加强矿井地质工作，尽量搞清地质变化情况。每条巷道施工前，应根据邻近已掘的巷道和钻孔，绘制地质图，用以指导巷道的掘进方向。对于已掘进的巷道位置及地质情况，要尽快填入工程实测图中，以便及时检查巷道的方向并积累实测地质资料。

(2) 为确保施工安全，在准备采区时必须在采区内构成通风系统以后，才许开掘其他巷道。

(3) 对于采区中间巷道的掘进，如果条件可能，可待上山全部或部分掘完后再进行施工，这样可详细探明采区内的断层情况。如有断层时，可依据断层的位置来修改采区工作面的位置，以免造成采区布置不合理的被动局面。

（4）采区巷道多在煤层内或靠近煤层掘进，往往瓦斯较大，施工中应特别注意安全，严格执行作业规程，预防煤和瓦斯的突出或爆炸事故。

（5）采区巷道施工还应特别注意防水、探水，要特别警惕煤层上部老窑采空区的积水。

（6）为了组织采区巷道的快速施工，采取对头贯通掘进时，一定要加强测量工作，当对穿工作面相距接近15m时，两个工作面不许同时进行作业。

（7）采区巷道的完工期限要与矿井生产紧密配合，避免过早完成而闲置时间过久，否则不但付出大量维护劳动力及费用，而且可能为将来生产带来其他不良后果。

二、采区巷道的布置方式

由煤层底板或顶板大巷进入采区车场后，便可进行采区巷道掘进。一般采区都按上山或下山布置，其巷道布置原则基本相同，这里主要介绍采区上山巷道布置。

（一）采区上山

采区上山的位置有布置在煤层中或底板岩石中的问题，对于煤层群联合布置的采区，还有布置在煤层群的上部、中部或下部的不同方案。

（1）煤层上山：采区上山沿煤层布置，掘进容易、费用低、速度快，联络巷道工程量少。其主要问题是煤层上山受工作面采动影响较大，生产期间上山的维护比较困难，特别是在缺乏先进支护手段的情况下。虽然加大煤柱尺寸可以改善上山维护，但会增加煤炭损失。因此，一般在特定条件下，可考虑布置煤层上山。

①开采薄或中厚煤层的单一煤层采区，上山服务时间短。

②开采只有两个分层的单一厚煤层采区，煤层顶底板岩石比较稳固，煤质在中硬以上，上山不难维护。

③煤层群联合准备的采区，下部有维护条件较好的薄及中厚煤层。

④为部分煤层服务的、维护期限不长的专用于通风或运煤的上山。

（2）岩石上山：对于单一厚煤层采区和联合准备采区，为改善维护条件，目前多将上山布置在煤层底板岩石中，其技术经济效果比较显著。

采区上山的倾角一般与煤层倾角一致，当煤层沿倾斜方向倾角有变化时，为便于使用，应使上山尽可能保持适当的固定坡度。另外在岩石中开掘的上山，有时为了适应带式输送机运煤（≤ 15°）或自溜运输的需要，可采取穿层布置。

采区上山至少需要两条，即一条运输上山和一条轨道上山，才能形成完整的生产系统。但根据生产的发展和开采条件的变化，也可增设第三条通风、行人上山。轨道上山的提升方式一般采用绞车牵引的串车方式或循环绞车（无极绳）运输方式。采用串车提升时，要求上山坡度应小于25°；采用循环绞车运输时，要求上山的坡度不超过10°。当煤层倾角小于25°时，无论是煤层轨道上山，还是岩层轨道上山，其坡度应与煤层倾角一致；当煤层倾角大于25°时，则将上山坡度控制在25°以下。

（二）区段平巷布置

（1）根据区段平巷的坡度与方向布置：在生产实际中，为了便于排水和运送材料设备，区段平巷通常以5‰～10‰的坡度掘进。由于坡度很小，一般在巷道布置和分析时都将它们视作水平巷道，只是在巷道施工设计上才需加以注明。

区段运输平巷又称顺槽，一般采用带式输送机或多台刮板输送机串联运煤。为保证输送机的正常运行和发挥设备效能，运输平巷在布置上可以有一定的坡度变化，但要求在一台输送机长度范围内必须保持直线方向。区段回风平巷中一般铺设轨道，采用矿车或平板车运送材料、设备。轨道平巷在布置上允许有一定的弯曲，但要求巷道按一定的流水坡度施工。同时，为了便于平巷与采煤工作面的连接，要求两条区段平巷都必须布置在所开采煤层的层位上，而且尽量保持相互平行，以便形成等长工作面，为采煤工作面创造优越的开采技术条件。

（2）折线－弧线式布置：当煤层沿走向起伏变化较大时，运输平巷可采用折线式布置，回风平巷则采用弧线式布置。这样既能满足输送机平巷要求直、允许有一定坡度变化的要求，又能满足轨道平巷要求保持一定坡度、允许有一定弯曲的要求。

（3）按区段平巷掘进方式布置：按掘进方式的不同，区段平巷通常有双巷布置和单巷布置两种方式。

①区段平巷的双巷布置：双巷布置是指上一区段运输平巷和下一区段回风平巷两巷同时掘进成巷的布置方式。对于普通机械化采煤和爆破采煤，在煤层方向变化较大的情况下采用双巷布置时，通常区段轨道平巷超前于区段运输平巷掘进，这样既可探明煤层变化情况，又便于辅助运输和排水。对于煤层瓦斯含量较大、一翼走向长度较长的采区，双巷掘进有利于掘进通风和安全。煤层瓦斯很大的矿井需要在工作面采煤前预先抽放瓦斯时，或者工作面后方采空区瓦斯涌出量很大需加强通风和排放采空区瓦斯时，可将区段回风平巷布置成双巷。

对于综合机械化采煤，区段平巷采用双巷布置时可以缩小巷道断面，将输送机与移动变电站、泵站分别布置在两条巷道内，运输平巷随采随弃，而对移动变电站、泵站所在的平巷加以维护，作为下区段的回风平巷。这种布置方式的缺点是：配电站到用电设备的输电电缆以及乳化液输送管、水管等需穿过两条平巷之间的联络巷，工作面每推进一个联络巷的距离时，需要移动设备和重新布置，给生产、维修带来不便。

②区段平巷的单巷布置：单巷布置是指一条区段平巷单独掘进成巷的布置方式。当煤层瓦斯含量不大、煤层埋藏稳定、涌水量不大时，一般多采用单巷布置。

单巷布置的区段平巷在掘进时，只要加强掘进通风、减少风筒漏风，掘进长度一般可达 1000m 以上。综合机械化采煤平巷布置时，区段运输平巷内的一侧需设置转载机和带式输送机，另一侧设置泵站及移动变电站等电气设备，因而巷道断面较大，一般达 12m² 以上。区段回风平巷也因工作面产量大、通风风量大，其断面也较大，与运输平巷断面基本相同或略小。由于巷道断面大，不利于掘进和维护，要求采用强度较高的支护材料。对于低瓦斯矿井，当煤层倾角小于 10° 时，允许采用下行风的采煤工作面，可将配电点、变电站等布置在区段上部平巷中，区段上部平巷进风，下部平巷回风。这种布置方法可减小平巷断面，但应加强对瓦斯和煤尘的管理，以保证生产安全。

三、煤巷掘进技术

沿煤层掘进的巷道，如果在掘进断面中煤层占 4/5 以上者（包括 4/5），称为煤巷。由于煤比岩石软，故掘进煤巷的方法除钻眼爆破法外，还有掘进机法、风镐法和水力掘进法。近年来，使用掘进机掘进已很普遍，风镐法和水力掘进法已很少采用，仅为辅助手段。由于破碎煤比较容易，装煤的工作量相对占循环作业时间就较长，应尽力解决装煤的机械化问题，以减轻工作面劳动强度，提高生产率，加快巷道掘进速度。煤巷受采动影响大、地压大，维护困难、服务年限短，因此合理地选择支护形式也很重要。

（一）钻眼爆破破煤技术

全煤巷道掘进时的炮眼深度一般为 1.5 ~ 2.5m。炮眼布置和岩巷基本相同，多数情况采用楔形掏槽或锥形掏槽。为了防止崩倒棚子，掏槽眼多位于工作面的中下部。当煤巷掘进断面内有较软煤带时，掏槽眼应布置在此软煤带内，可用扇形或半楔形掏槽。

在煤巷掘进中，同样要推广光面爆破及毫秒雷管全断面一次爆破。布置周边眼时，要适当远离顶、帮，以免发生超挖现象。这样在爆破后用风镐或手镐将已松动的煤壁略加整刷，即可达到设计断面。

布置周边炮眼离顶、帮的距离：硬煤一般为 150 ~ 200mm，中硬煤为 200 ~ 250mm，软煤为 250 ~ 400mm。周边眼的装药量应适当减少，并根据煤质软硬及炮眼的深度进行调整。周边眼的间距与最小抵抗线的比值一般采用 1.1 ~ 1.3。在施工中，还应结合具体条件反复试验，以便得出切合实际的数据。

煤巷掘进采用毫秒雷管全断面一次爆破，这是加快进度、保证安全、改善工人劳动条件的一项重要措施。在瓦斯煤层中，采用毫秒雷管实现全断面一次爆破，可以使每班平均进度大大加快，效率显著。但应特别注意，毫秒爆破时，工作面瞬间瓦斯浓度是随着时间的增加而增加。

（二）风镐破煤法

风镐破煤法是一种简便易行的方法，所需设备少，同时无瓦斯爆炸危险，也有利于通风，因此条件适合时，如巷道顶板破碎或煤质松软易于塌落的巷道，以及虽经过通风而瓦斯浓度仍降不到允许放炮浓度（小于1%）时，可采用风镐掘进法。

用风镐破煤时，应首先选工作面上节理较发达的部位开始掏槽，然后向四周刷大。如果顶板较好，可待工作面掘够一架棚距时再架设支架。如顶板破碎，先掘落顶部的煤，随即架上临时顶梁，并用立柱支撑；然后再刷巷道两侧上部的煤，与此同时掘出棚腿槽，以棚腿托住顶梁；最后去掉立柱，掘去煤柱，巷道即前进一个棚距。

（三）掘进机掘进煤巷技术

随着回采工作面的回采机械化和综合机械化的迅速发展，回采速度已大大加快，要求巷道掘进速度相应提高，以掘保采，实现采掘平衡。为此，巷道掘进工作面也必须向机械化和综合机械化方面发展。

煤巷掘进机可分为两类：一类是欧洲国家普遍使用的悬臂式掘进机，它适应范围广，但掘进、支护不能平行作业，掘进效率低，开机率低；另一类是以美国和澳大利亚为代表的连续采煤机和掘锚机组，两者均可实现煤巷的快速掘进，开机率较高，掘进效率高。按工作机构破落煤岩的方式不同，悬臂式掘进机分为纵轴式和横轴式两大类。

使用掘进机掘进巷道与传统的爆破法掘进巷道相比，具有以下显著优点：掘进速度快，利于实现掘进、运输、支护等工序的综合机械化配套，做到连续、快速施工。掘出的巷道断面规整，围岩不受振动破坏，有利于减少事故，实现安全生产。工效高、巷道成本低，并可改善劳动条件，减轻重体力劳动。

使用掘进机常见的事故及预防措施如下：① 掘进机截割头撞人事故：司机存侥幸心理和图省事，没有停止截割头的转动，就到工作面检查中心线，结果不慎触及转动的截割头，被割伤致死。工作面掘完进行架棚时，司机没有停电就离开机器进行其他工作，验收员擅自开动机器，截割头将附近一掘进工割伤致死。② 检修时碰人事故：掘进机后部带式转载机的输送带折断，检修工修理时未停电，另一检修工误操作，输送带转动将检修工碰伤。

掘进机事故的防治措施：① 掘进机必须装有只准专用工具开、关的电气控制开关。② 专用工具必须由专职司机保管，司机离开操作台时，必须断开电气。在掘进机非操作侧，必须装有能紧急停车的应急按钮。③ 掘进机必须装有前照明灯和尾灯。④ 开动掘进机前必须提前 3min 发出警报。⑤ 只有在铲板前方和截割臂附近无人时，方可开动掘进机。⑥ 掘进机作业时，应使用内、外喷雾装置降尘，内喷雾装置的使用水压不得小于 3.0MPa，外喷雾装置的使用水压不得小于 1.5MPa，如果内喷雾装置的使用水压小于 3MPa 或无内喷雾装置时，掘进工作面中必须使用外喷雾装置和湿式除尘器。⑦ 降尘的水中可配用降尘添加剂。

掘进机遇有超过设计截割硬度的岩石时，应退出掘进机，采用爆破方法处理。更换掘进截齿时，必须断开掘进机电气控制回路开关，切断掘进机供电电源并断开隔离开关。用掘进机截割臂托梁架棚时，其下方不得有人，架棚时应闭锁切割机电动机的电气回路。掘进机停止工作或检修以及交接班时，必须断开掘进机上的隔离开关和磁力启动器的隔离开关，以切断掘进机供电电源。

(四)联合掘进机作业线

联合掘进机是一种既能落煤又能装煤并将煤转载到矿车或其他运输设备的综合机械，亦可在掘进机上装设锚杆钻装机，同时解决巷道支护工作。由此，巷道的多工序施工可由一机完成。国内煤矿经过多年实践，结合运输设备的类型和掘进机的应用特点，形成了多种煤巷掘进的综合机械化作业线。

(五)煤巷掘锚一体化快速掘进

随着煤巷锚网支护技术的推广应用，以锚杆、锚索和钢丝网组成的支护结构逐步取代了过去的架棚支护，解决好掘进与锚杆施工问题就可实现快速掘进。我国已自主开发出能完成掘、锚平行作业的掘锚机组，较好地满足了高效集约化煤巷掘进技术的配套要求。

掘锚机组可节省移动和装钻机的时间，掘进速度可提高 50%～100%。国内外普遍认为，掘锚机组能被有效使用的重要原因在于顶板及时支护，安全可靠。通过对掘锚机组掘进系统进行选型和配套，形成高效掘锚一体化作业线，可使每一循环作业的时间大幅度减少。掘锚机组的工作原理是：掘锚机组截割部在上下摆动截割煤岩的同时，装运机构将破落的煤岩通过星轮和刮板运输系统运至后配套运输设备，机载除尘装置处于长时工作状态，与此同时，掘锚机组上的机载锚杆钻机进行钻孔、安装锚杆作业，一排锚杆安装完毕，机器前行开始下一循环作业。

(六) 煤巷支护技术

煤巷支护一直以来多采用木支架或金属支架，近年来发展的煤巷锚杆支护技术，不仅加固了煤层，使顶板及时支护，而且施工速度快，支护效果好，成本低。锚杆支护技术利用了锚杆的作用原理，采用锚带网、锚梁网以及锚索等复合支护手段，简化了煤巷的支护作业。目前我国煤巷锚杆支护技术与成套装备已基本形成，煤巷锚杆支护技术已在全国多个大型矿区得到广泛应用。从薄及中厚煤层中回采巷道到综采放顶煤工作面沿煤层底板掘进的全煤巷道，从顶板比较稳定的煤巷到较破碎顶板巷道，从实体煤巷到沿空掘巷，从小断面巷道到大断面开切眼，锚杆支护技术的使用范围越来越广，为矿井煤巷实现安全高效掘进创造了良好条件。

第六节 特殊地层巷道施工技术

一、石门揭开煤层的施工方法

接近煤层的岩巷称为石门。当石门揭开有煤与瓦斯突出危险的煤层时，为了确保安全施工，石门的位置应尽量避免选择在地质变化区。掘进工作面距煤层 10m 以外，就应开始向煤层打探放钻，并且要经常保持超前工作面 5m，以便确切掌握煤层赋存条件和瓦斯情况。揭开煤层前，掘进工作面到煤层之间必须保持一定的岩柱，急倾斜煤层不小于 2m，缓倾斜不小于 1.5m。如果岩石松软、破碎，还应适当增加垂距。

(一) 钻孔排放瓦斯

钻孔排放瓦斯是最常用的施工方法，是在石门工作面掘到距煤层适当距离停止掘进，向煤层打适当数量的排放瓦斯钻孔，在一定范围内形成卸压带，降低煤体中的瓦斯压力，缓和煤体应力，以防止煤和瓦斯突出。这一方法适用于煤层松软、透气性较大的中厚煤层。排放瓦斯钻孔数量决定于瓦斯排放半径、排放钻孔直径和排放范围，需要综合考虑多方面因素，进行专门设计。

(二) 震动放炮法

从石门揭开有煤尘和瓦斯突出煤层时，必须根据瓦斯压力大小采取措施：当瓦斯压力小于10个大气压时，可采取震动放炮；若大于10个大气压时，先用钻孔排放瓦斯，使其压力降到10个大气压以下，然后用震动放炮揭开煤层。

震动性放炮实质上是在掘进工作面上钻较多的炮眼，全断面一次起爆揭开煤层，并利用放炮所产生的强烈震动人为地诱导煤与瓦斯突出。震动性放炮必须将所有的炮眼一次起爆，炸开石门全断面内岩柱和煤层全厚，如果一次震动放炮没有揭开煤层，第二次爆破工作仍按震动性放炮的有关规定进行，直至全部揭开并穿过煤层若干米为止。震动放炮只许使用煤矿安全炸药，装药后全部炮眼必须填满炮泥。

(三) 使用金属骨架

金属骨架是用于石门揭穿煤层的超前支架，当石门掘进至距煤层2m时，停止掘进。在拱顶部和两帮上打一排或两排直径为70～100mm、彼此相距200～300mm的钻孔。钻孔钻透煤层并穿入岩层300～500mm，孔内插入直径为50～70mm的钢管或钢轨。钢管或钢轨的尾部固定在用锚杆支撑的钢轨环上，也可固定在其他专门支架上，然后一次揭开煤层。

金属骨架之所以能够防止煤与瓦斯突出，一方面是由于金属骨架支承了部分地压及煤体本身的重力，使煤体稳定性增加；另一方面是金属骨架钻孔也起到排放瓦斯的作用，使瓦斯压力得到降低。使用金属骨架时，一般配合震动放炮，一次揭开煤层。使用经验表明，金属骨架应用于倾斜、瓦斯压力不太大的急倾斜薄煤层和中厚煤层中，其效果比较好；在倾斜厚煤层中，因骨架长度过大，易于挠曲，不能有效地阻止煤体的位移，所以预防突出的能力较差。

(四) 水力冲孔法

水力冲孔法是在石门岩柱未揭开煤层之前，利用岩柱作安全屏障，向突出煤层打钻，并利用射入的高压水诱导煤和瓦斯从排煤管中进行释放，这样在煤体内部就引起剧烈的移动，在孔洞周围形成卸压带，解除了煤体内的高压应力状态，从而消除了煤与瓦斯突出的危险。这种方法用于揭开具有自喷现象的软煤层，比较安全可靠。

二、巷道通过断层破碎带的施工方法

巷道经常要穿过断层和岩石破碎带，如仍采用常规的施工方法，往往会失败。针对这类岩层稳定性差的特点，施工时应尽量使围岩暴露面小、暴露时间短，及时进行支护。

(一) 撞楔法施工

在即将接触破碎带时，首先紧贴工作面架设支架，然后从前一支架的顶梁下向新支架顶梁上打入撞楔。撞楔可是直径为 100~120mm 的圆木或厚度为 40~50mm 的木板，前端削尖，长度为 1.5~2.0m。撞楔要一根根密排打入，以免露顶。当掘进到打入撞楔适当长度时，及时架设新支架；当掘进到撞楔 2/3 以上时，除架支架外，还需设横梁，为第二次打撞楔创造条件。然后，依前法打入成排撞楔并继续掘进，架设支架，直至通过破碎带。

(二) 锚喷网法施工

锚喷网法不仅能用在稳定性较差的围岩中，而且在断层破碎带、风化岩石带均可应用，并且效果良好。施工过程中，循环进尺控制在 1m 以内，顶棚眼距周边留有 240~500mm 的距离，以防止因爆破引起的冒顶事故。然后用人工刷大到掘进断面，随刷大随进行锚喷支护。每次打顶部锚杆时，在拱部打一排超前锚杆，锚杆角度控制在 40°~50°，有效锚杆长度为 1.5m 左右，基本上满足下一循环的安全距离要求。

三、岩巷穿过含水层的施工

岩巷施工遇含水层时，为防止巷道掘进时突然发生透水事故，必须加强探水工作，以保证安全施工。需要采取的措施如下。

(1) 详细分析研究已有的水文地质资料，调查所掘巷道范围是否有老窑、溶洞和含水层以及储水量情况，做到有备无患。

(2) 注意透水前的预兆，做好探水工作。巷道掘进时，工作面附近起雾、空气变冷，顶板淋水加大，底板涌水、巷帮渗水等现象都可能是透水前的预兆，必须采取措施进行处理。遇到接近溶洞或富水层、接近老窑等情况时，必须坚持"有疑必探，先探后掘"的原则。

(3) 巷道掘进时的探、放水方法。一般使用探水钻机进行超前探水，也可使用由煤电钻和岩石电钻改装成的小型探水钻机。如遇到涌水量很大的溶洞性石灰岩、断层含水层时，可采用钻孔放水的方法，造成人工降水漏斗，从而使掘进工作在已疏干的岩层中进行。

(4) 探、放水时的注意事项。打钻前首先要加强钻孔附近巷道的支架，背好帮顶，并在工作面上打好坚固的立柱。水压较大地点的探水眼要设套管，以便安装水阀调节流量，特别危险地区还要选择牢固地点砌筑水闸墙。在放水以前必须清理巷道，准备水沟，同时必须估计储水量，并要根据矿井排水能力和水仓容量控制放水钻孔的流量。

参考文献

[1] 池顺都. 金属矿产系统勘查学[M]. 武汉：中国地质大学出版社，2019.

[2] 张利明. 固体矿产勘查实用技术手册[M]. 合肥：中国科学技术大学出版社，2019.

[3] 赵波，程胜辉，朱多录，等. 中国矿产地质志云南卷黑色金属矿产[M]. 北京：地质出版社，2021.

[4] 司荣军,王仔章,夏含峰. 常见金属矿产资源开发利用现状[M]. 徐州：中国矿业大学出版社，2019.

[5] 曾华杰，张红军，李俊生，等. 多金属矿产野外地质观察与研究[M]. 郑州：黄河水利出版社，2018.

[6] 王建国，张世珍，俞军真. 柴北缘地区关键金属矿产成矿地质条件约束及典型矿床分析[M]. 南京：东南大学出版社，2022.

[7] 殷瑞钰. 黑色金属矿产资源强国战略研究[M]. 北京：科学出版社，2019.

[8] 夏含峰，王仔章，司荣军. 常见金属矿产资源开发利用现状及前景[M]. 北京：地质出版社，2019.

[9] 李新民. 新形势下地质矿产勘查及找矿技术研究[M]. 北京：中国原子能出版社，2020.

[10] 路增祥，蔡美峰. 金属矿山露天转地下开采关键技术[M]. 北京：冶金工业出版社，2019.

[11] 张群. 煤田地质勘探与矿井地质保障技术[M]. 北京：科学出版社，2018.

[12] 倪建明，董守华，王琦. 中国东部煤田高密度三维地震勘探技术及应用[M]. 徐州：中国矿业大学出版社，2020.

[13] 李瑞明，杨曙光，张国庆. 新疆煤层气资源勘查开发及关键技术[M]. 武汉：中国地质大学出版社，2020.

[14] 李增学. 煤矿地质学[M]. 北京：煤炭工业出版社，2018.

[15] 韦晓吉. 煤矿工程与地质勘探[M]. 天津：天津科学技术出版社，2020.

[16] 徐凤银，陈东，梁为，等. 煤层气（煤矿瓦斯）勘探开发技术进展及发展方向[M]. 北京：科学出版社，2020.

[17] 易同生，唐显贵，杨通保. 贵州省煤炭资源潜力与保障能力[M]. 徐州：中国矿业大学出版社，2019.

[18] 侯慎建. 新时期煤炭地质勘查产业链布局与发展研究[M]. 北京：中国经济出版社，2022.

[19] 樊艳平. 矿区生态环境评估及修复规划研究[M]. 北京：气象出版社，2021.

[20] 宁树正. 中国主要煤炭规划矿区煤质特征图集[M]. 北京：科学出版社，2020.

[21] 廖启鹏. 绿色基础设施与矿区再生设计[M]. 武汉：武汉大学出版社，2018.

[22] 孙守仁，肖绪才. 全国煤矿掘进技术与管理[M]. 徐州：中国矿业大学出版社，2020.

[23] 张巨峰，杨峰峰. 矿山安全技术[M]. 北京：冶金工业出版社，2020.

[24] 胡贵祥. 煤矿开采与掘进[M]. 徐州：中国矿业大学出版社，2018.